Hans Joachim Fröhlich

Wege zu alten Bäumen

Band 4 – Nordrhein-Westfalen

Kuratorium
»Alte liebenswerte Bäume
in Deutschland« e.V.
Wiesbaden

WDV Wirtschaftsdienst OHG

Gestaltung: KES München,
Michael Ewerbeck und
Dieter Strothmann.
Generalkarte
Mairs Geographischer Verlag,
Blatt 6, 7, 8, 9, 10, 11, 12
Gesamtherstellung:
Druckhaus Münster, Kornwestheim.
ISBN: 3-926181-18-4

Bäume auf nicht öffentlich zugänglichem Privatgrundbesitz bedürfen bei Besichtigung der Zustimmung des Eigentümers.
**) Weist darauf hin, daß das Baumalter durch Messung bestimmt wurde.

Titelbild: Dicke Buche bei Krombach, siehe Nr. 282

Über dieses Buch

Viele Menschen lieben Bäume, ganz besonders die alten, die oft jahrhundertelang Sturm, Regen, Eis oder Sonne getrotzt haben. Unverrückbar sind sie mit dem Boden verwurzelt und erleben friedvolle und gewalttätige Zeiten. Vielleicht sind sie auch deshalb den Menschen so verbunden. Wie stark dieses Gefühl sein und welches Engagement daraus hervorgehen kann, hat eine Aktion in Nordrhein-Westfalen gezeigt, die der Westdeutsche Rundfunk in bester Sendezeit an acht aufeinanderfolgenden Tagen über alte liebenswerte Bäume ausstrahlte. Alte Bäume wurden gezeigt, beschrieben und historisch beleuchtet. Auf einer Karte waren die Standorte der Bäume zu sehen, die das Kuratorium „Alte liebenswerte Bäume in Deutschland" oder die „Schutzgemeinschaft Deutscher Wald" bereits aufgenommen hatten, und die Baumfreunde wurden aufgerufen, ihnen bekannte andere alte Bäume nach vorgegebenen Kriterien zu benennen.

Die Reaktion war sensationell. Mehr als 2.000 Benachrichtigungen gingen ein, die Baumkarte von Nordrhein-Westfalen wurde immer detaillierter. Alle Bevölkerungsschichten beteiligten sich an der Suche nach alten Bäumen: Schüler mit ihren Lehrern, Betriebe, Behörden, Rentner, Arbeitnehmer und Arbeitgeber, Dichter, Fotografen und Maler, Hausfrauen und Professoren.

Die Auswertung war eine gewaltige Arbeit, machte aber viel Freude, weil man in jedem Brief oder Telegramm, Gedicht oder Märchen die Liebe zu den Bäumen spürte. Durch die lebendig gestaltete Fernsehserie, die der engagierte Redakteur Buhrow mit Leben erfüllte, wurde mit der Symbolkraft des Baumes den Menschen Zuversicht und Hoffnung für die Zukunft geschenkt.

„Alte liebenswerte Bäume im Ruhrgebiet"

Gleichzeitig hatte der Kommunalverband Ruhrgebiet mit der Schutzgemeinschaft Deutscher Wald – Landesverband Nordrhein-Westfalen, der Stiftung Naturschutz, Heimat- und Kulturpflege, dem Kuratorium „Alte liebenswerte Bäume in Deutschland" und dem Westdeutschen Rundfunk einen vielbeachteten Schülerwettbewerb ausgeschrieben, der den Baum in den Mittelpunkt der Erziehung junger Men-

schen stellte. Die Aktion ging weit über das Ruhrgebiet hinaus, lag mit Schwerpunkten im Lande Nordrhein-Westfalen, aber auch Menschen aus angrenzenden Gebieten bis nach Belgien beteiligten sich daran.
Das vielfältige Material wurde vom Kuratorium gesichtet, selektiert und überprüft. Die in diesem Buch aufgeführten Bäume sind zu einem großen Teil aus den genannten beiden Aktionen hervorgegangen. Die Landschaftspflegebehörden und die Forstämter haben bei der Vervollständigung der Daten dankenswerterweise mitgewirkt.
So mancher Einsender sollte nicht enttäuscht sein, daß „sein" Baum nicht aufgenommen wurde, weil er nach unserer Meinung nicht den Auswahlkriterien entsprach. Trotzdem bleibt er ein liebenswerter Baum!
Nur eines von vielen Beispielen: Eine besonders starke, harmonisch gestaltete, hohe und alte Birke im Ruhrgebiet wurde uns eindringlich ans Herz gelegt. Natürlich interessiert eine alte, starke Birke, weil diese Baumart bei uns weitgehend verdrängt wurde und selten ein hohes Alter

erreicht. Wir fanden sie nach vieler Mühe im Garten hinter der Häuserfront. Sie strahlte hell und leuchtendweiß in der Wintersonne, war vielleicht 15 bis 18 Meter hoch, hatte einen Stammumfang von 90 cm und kam auf höchstens 50 Jahre. Wir nahmen sie dennoch nicht in unsere Auswahl, trotzdem ist und bleibt sie für die Nachbarn *ihre* liebenswerte Birke.

Die Auswahlgrundsätze werden wie folgt definiert:

- hohes Alter, das weit über das wirtschaftliche Nutzungsalter hinausgeht,
- besondere Größe und Gestalt, so daß die Bäume in Höhe und Stammdurchmesser die normal bekannten Ausmaße überschreiten und durch Wuchs- und Erscheinungsform eine imponierende Gestalt einnehmen.
- besondere Wuchsformen, die vom Normalbau der Baumart erheblich abweichen, z. B. bizarre Wuchsformen, Verwachsungen, mächtig ausladende Kronen, Mutationen wie ahornblättrige Esche o. ä.
- historische Hintergründe, z. B. Gerichts-, Galgen- oder

Opferbäume oder Beziehungspunkte zu geschichtlichen Ereignissen.

– Seltenheit, seltene Arten mit herausragender Wuchsleistung oder besonderer Schönheit wie alte Eiben, Elsbeere, Speierling oder Wildobstarten.

Besonders erstrebenswert sind Kombinationen der verschiedenen Typen.

Die Bäume werden wieder von Nord nach Süd, getrennt nach Regierungsbezirken, Landkreisen und kreisfreien Städten, aufgeführt und in Karten festgehalten. Dennoch bleibt vielfach ein Stück Abenteuer beim Auffinden der Veteranen und beim Zusammenstellen von Baumwegen erhalten.
Sollten Fragen offen bleiben, so wenden Sie sich an die Schutzgemeinschaft Deutscher Wald mit ihren Kreis- und Ortsverbänden, an die Landschaftspflegebehörden bei Städten und Kreisen oder an die Forstämter. Sie werden Ihnen gerne helfen.

Zentrale Ansprechpartner:

Schutzgemeinschaft
Deutscher Wald
Landesverband
Nordrhein-Westfalen
Ägidiusstraße 94
4300 Essen-Stadtwald
Telefon: 0201/473086/7
Telefax: 0201/473087

Kuratorium
Alte liebenswerte Bäume
in Deutschland e. V.
Wandersmannstraße 60
6200 Wiesbaden
Telefon: 0611/711471
Telefax: 0611/713268

Inhaltsverzeichnis

Der Baum als Symbol

Baumrecken zwingen Ehrfurcht ab und lassen Geschichte lebendig, Gegenwart wichtig und Zukunft lebenswert erscheinen. Sie können Freunde des Menschen werden, uns viel sagen, vor allem Natur und Schöpfung uns nahebringen, zum Nachdenken anregen, die Alltagshektik dämpfen und zudem auch Freude ausstrahlen und Lebensmut geben.
Alte Bäume sollen auch Mahner sein, die Gesetze der Natur zu erkennen und zu wahren und das Leben nicht nur unter technischen oder materiellen Aspekten zu sehen. Sie sollen uns Kraft und Hoffnung geben, die Zukunft zu meistern, das Spannungsfeld zwischen Ökonomie und Ökologie in Einklang zu bringen, mit Tatkraft nach vorne zu wirken, frei vom Augenblick mit guten Zielen und Wegen.

Schließen wir uns Hermann Hesse an:

»Bäume sind Heiligtümer. Wer mit ihnen zu sprechen, wer ihnen zuzuhören weiß, der erfährt die Wahrheit. Sie predigen nicht Lehren und Rezepte, sie predigen, um das einzelne unbekümmert, das Urgesetz des Lebens.«

Freunde brauchen die Bäume mehr denn je, da der Wald unter

der Unvernunft des Menschen leidet und mancherorts schon stirbt. Vielleicht gibt es schon bald keine Baumveteranen mehr, jene mächtigen, starken Gestalten, die jahrhundertelang Sturm, Regen, Eis und Hitze getrotzt haben und nun in ganz kurzer Zeit von dem Ausstoß der Fabriken, Heizkraftwerke, unserer Häuser und Autos krank werden.

Man muß mit Kurt Tucholsky fragen:

» Ein alter Baum ist ein Stückchen Leben. Er beruhigt. Er erinnert. Er setzt das sinnlos heraufgeschraubte Tempo herab, mit dem man unter großem Geklapper am Ort bleibt. Und diese alten Bäume sollen dahingehen, sie, die nicht von heute auf morgen nachwachsen? Die man nicht »Nachliefern« kann?«

Einen alten Baum kann der Mensch nicht ersetzen. Seine Persönlichkeit wurde in Jahrhunderten geprägt und entsteht nie wieder. Häuser, Schlösser oder auch Dome lassen sich rekonstruieren. Ein Baum läßt sich nicht zwingen und auch bei bester menschlicher Technik nicht wieder aufbauen.

Wald und Baum in Nordrhein-Westfalen

Nordrhein-Westfalen ist das bevölkerungsreichste Bundesland mit 17,4 Mio Einwohnern auf 34.070 qkm, das entspricht 509 Menschen pro Quadratkilometer. In den Industriezonen Ruhrgebiet, Niederrhein, Kölner Raum steigt die Siedlungsdichte gar auf 1.100 Menschen je qkm (Bundesdurchschnitt: 250 Menschen je qkm).

Das Bundesland ist gleichzeitig eines der waldärmsten Bundesländer. Mit 880.000 Hektar wird ein Waldanteil von nur 26% erreicht. In ganz Deutschland liegt der Anteil bei 30%. Auf einen Einwohner kommen in Nordrhein-Westfalen somit nur 530 qm Wald (Bundesdurchschnitt 1.200 qm). Die Menschen drängen in den Wald und suchen hier Erholung. Der öffentliche Wald, der naturgemäß die größte Last zu tragen hat, ist in diesem Bundesland so schwach vertreten, daß der Privatwald in einem nicht unerheblichen Maße mitbelastet wird. Bei nur 13% Staatswald (Bund 30%) und 19% Gemeinde- und Körperschaftswald (Bund 24%) nimmt der Privatwald mit zwei Drittel Anteil eine vorherrschende Flächenfunktion ein (Bund 46%).

Es ist auch landestypisch, daß die kleinen und kleinsten Besitzgrößen vorherrschen, eine Folge der Marken- und Realteilungen. Der Wald ist zudem im Lande nicht gleichmäßig verteilt. In den Ballungsgebieten mußte er der Industrie und Besiedlung weitgehend weichen und wird auch heute noch zurückgedrängt. Nur in den Mittelgebirgen Eifel, Bergisches Land, Sauerland und Südliches Weserbergland beherrscht er noch große zusammenhängende Areale.
Laub- und Nadelwald sind fast gleichmäßig verteilt. Die Buche kommt auf 18%, die Eiche auf 14%, die übrigen Laubbäume auf 13%. Der Nadelholzanteil von 55% gliedert sich in Fichte 41%, Kiefer 10% und sonstige Nadelbäume 4%. Die Bestände sind normal bestockt, werden jedoch landesweit durch Immissionen stark belastet. Etwa 11% aller Bäume waren im Jahre 1990 krank und wiesen Blatt- oder Nadelverluste von mehr als 25% auf. Während anfänglich die Fichte am stärksten leiden mußte, zeigen jetzt Buche und Eiche die größten Schäden. Die Waldböden sind durch den Säure-

eintrag an vielen Orten stark versauert.
Es wird deutlich, daß der Wald in diesem Industrieland eine herausragende Stellung einnimmt, da seine vielfältigen Funktionen durch keine andere Vegetationsform zu erbringen sind. Bei der Siedlungsdichte und dem hohen Grad der Industrialisierung stehen die Schutz- und Erholungsfunktionen des Ökosystems Wald eindeutig im Vordergrund, wobei durchaus regionale Differenzierungen zu werten sind. Berücksichtigt man zudem die große Zahl der Waldbesitzer, die ihren Wald als Einkommensquelle sehen, dann erkennt man das stark aufgeladene Spannungsfeld, das nur durch eine zielorientierte, ausgewogene Waldpolitik zu richten ist. Mit dem Programm „Wald 2000“ sollen standortgemäße, ökologisch stabile Wälder geschaffen und naturnah bewirtschaftet werden. Der Anteil des Laubholzes, vor allem der Buche, soll gemehrt und Mischbaumarten begünstigt werden, so daß eine genetisch begründete Vielfalt gesichert wird.
Der Wald spielt für die Naturschutzpolitik eine herausragende

Rolle, ganz besonders dann, wenn er in enger Nachbarschaft zu zivilisatorischen Zentren liegt. Der landesweite Biotopverbund in Nordrhein-Westfalen sieht deshalb ein intensives Schutzprogramm für Wälder vor, wo insbesondere die naturnahen Laubwälder als Indikatoren gesichert und gewertet werden sollen. Den Kern bilden in den acht Großlandschaften 12 Natur- und 2 Freiraumreservate.
Auch für die Gewässerauen ist eine Renaturierung ohne vielseitige Auenwälder nicht vorstellbar. In den Verdichtungsräumen müssen die Vernetzungsstrategien auch auf Bäume aufbauen, die eine wichtige Stütze der regionalen Grünflächen bilden. Ebenso müssen sie bei der Schaffung von Naturerlebnisgebieten einbezogen werden, um eine attraktive Vielgestaltigkeit zu gewährleisten.
Man sollte nicht meinen, daß sich unter derartigen Bedingungen noch alte Bäume finden lassen. Erstaunlich groß ist daher die Zahl der in diesem Buch aufgeführten Exemplare. Dabei werden die Industriegebiete nicht ausgespart. Vielleicht werden sie

hier sogar mehr geliebt, gepflegt und nachgezogen als an der Peripherie.
Wie der Wald regional unterschiedlich verteilt oder erhalten ist, so differenziert sich auch das Verhältnis zu den Bäumen. Im Münsterland findet man kaum einen alteingesessenen Hof, der nicht seinen Baum oder seine Bäume hätte. Viele alte Eichen lassen sich hier bewundern und werden oft als selbstverständlich hingenommen. Auch das Lippische Land besitzt noch viele alte Bäume, oft an Thing- oder Gerichtsstätten oder auf Marktplätzen. In den Waldlandschaften sind sie oft versteckt und umpflanzt, so daß man leicht an ihnen vorübergeht. Trotzdem lohnt es sich auch hier, sie zu suchen.

Femeeiche in Erle**)

Ein hochinteressanter Baum, der sehr viel zum Nachdenken gibt. Ob man ihn noch als Baum bezeichnen darf, ist eine Definitionsfrage. Denn der Stamm ist völlig hohl, besteht nur noch aus Rinde, teils nach innen eingerollt, an einem Band noch miteinander verwachsen und gespenstisch mit Eisenstangen verbunden. In den Innenraum kann man Tisch und Stühle stellen, denn der Umfang kann auf 11 bis 14 Meter konstruiert werden. Der Durchmesser des Hohlraumes kommt auf fast 3 m. An Archivnotizen läßt sich dies plastisch ausmalen:

- Im Manöver am 26. 9. 1819 besichtigte der Kronprinz von Preußen, der spätere König Friedrich Wilhelm IV., die Eiche und ließ 36 vollausgerüstete Infanteristen in dem Inneren Aufstellung nehmen.
- Der Bischof von Münster nahm 1851 bei einer Firmung mit 11 Geistlichen auf Stühlen um einen runden Tisch Platz. Sie tranken hier ihren Wein.
- 40 Mitglieder des Forstvereins sangen 1897 aus dem Hohlraum der Eiche ihr Lied „Ich

schieß den Hirsch im wilden Forst". Man kann bestimmt die Aufzählung fortsetzen!

Wenn man vom Stamm ausgeht, kann man die Eiche als Ruine bezeichnen. Sieht man im Sommer ihre gut belaubte Krone und erlebt Blüte oder Fruchtansatz, dann kann man nicht an ihrem Lebenswillen zweifeln. Im Angesicht des Baumes fragt man sich – was ist Leben? Wann ist es beendet? Wann darf man aufgeben?

Die Femeeiche ist ein unübertroffen gutes und einprägsames Lehrbeispiel:

Bereits 1819 war der Baum so hohl, daß man zum Spaß in ihm Soldaten aufstellte – oder war es Mangel an Achtung vor Naturschöpfungen? Seit 180 Jahren ist der Baum also nachweislich hohl. Das sind 1½ Fichtengenerationen oder 5 Pappel- oder mehr als 1 Buchengeneration. Wann hat dieser Fäulnisprozeß begonnen? Hundert, zweihundert oder mehr Jahre vorher? Trotzdem lebt und blüht der Baum noch. Ist dies nicht Hoffnung? Ist dies für unsere schnelllebige Zeit noch vorstellbar? Sind wir nicht geneigt, allzu oft rasche Urteile über Weiterleben oder Abreißen zu geben? Kurieren wir nicht oft zu schnell und auch zuviel an guten alten Bäumen herum, die in unseren Augen morsch sind? Hat nicht unser Glauben an die Technik unser Gefühl für die Natur verbogen?

Fragen und Gedanken.

In dem Jahrbuch der Deutschen Dendrologischen Gesellschaft Nr. 58 – 1953/54, S. 1733 ff., werden Bilder des Baumes aus dem Jahre 1911 abgedruckt. Sie unterscheiden sich nicht wesentlich von dem Eindruck von heute – 75 Jahre liegen dazwischen. Bei Bäumen laufen die Uhren anders!

Die Eiche soll dem Gotte Odin geweiht worden sein. Noch heute trägt sie den Namen „Ravenseiche" nach dem Raben des Gottes Odin. Ihr Standort muß früher eine germanische Opferstätte gewesen sein. Hierauf verweisen die Flurnamen. Sie muß also vor der Christianisierung Westfalens ein starker Baum gewesen und somit weit über 1000 Jahre alt sein. Ob sie nun 1400 oder 1500 Jahre lebt – wie gerne behauptet wird – oder gar der älteste Baum

Deutschlands sein soll, wer weiß es, wer wagt es zu behaupten, wem hilft es? Ist dieses kleinliche Rechnen, dieses Rechthabenwollen, dieses Einzwängen in menschliche Kleinformate nicht eine Beleidigung einer solchen Naturschöpfung mit natürlichen Dimensionen?
Man sollte still und nachdenklich vor einem solchen Baum stehen!

Katalog-Nr. 32

**) Übernommen aus dem Buch „Alte liebenswerte Bäume in Deutschland — siehe Literaturhinweis — Mit freundlicher Genehmigung des Cornelia-Ahlering-Verlages.

Die Zwölfapostel-Linde bei Gehrden

Im Südosten des Bundeslandes, etwa 20 km von der Weser entfernt, liegt das Städtchen Brakel. Einige Kilometer weiter im Südwesten bietet der Ortsteil Gehrden eine bemerkenswerte Komposition von Baum und Bauwerk, die sich lohnt, in aller Ruhe in sich aufzunehmen.
Die St. Peter- und Paulkirche wurde 1184 als Stiftskirche des Klosters erbaut. Hier lebten und wirkten die adeligen Nonnen des Benediktinerordens. In dem Schiff der Kirche besticht die be-

scheidene Schönheit des künstlerischen Handwerkes, die in der Eichenholzstatue von Johannes dem Täufer, im Hochaltar oder in der Orgel zum Ausdruck kommt. Vor der Kirche steht eine mächtige Winterlinde, deren Schaft aus vielen Bäumen zu bestehen scheint, die eng miteinander verwachsen sind. In 3 Meter Höhe teilt sich der Schaft auf in 12 Stämme, die bouquetförmig nach oben streben und sich voll zu einer mächtigen Krone verzweigen. Ob dieses lebende Sinnbild der 12 Apostel von der Natur entwickelt oder durch Menschenhand langjährig gezogen wurde, läßt sich nicht mehr feststellen. Gewaltig ist der Eindruck dieses Baumes, voller Vitalität, Gesundheit und auch Lebensfreude. Der Baum hat in seiner Spitze eine Höhe von mehr als 30 Metern, die Krone wölbt sich auf einen Durchmesser von 32 Metern aus, der geschwungene, eingekerbte und geriefte Stamm hat einen Umfang von 950 cm, also eine ganz beträchtliche Wuchsleistung.
Die Winterlinde soll zur Zeit des Kirchenbaues gepflanzt worden sein. Dann wäre sie heute rund

800 Jahre alt. Derartig alte Linden zeigen eine andere Wuchsform, vor allen Dingen eine andere Stammausprägung, sind bei diesem hohen Alter meistens hohl und auch äußerlich stark gekennzeichnet. Durch Entnahme eines Bohrspanes konnten die Jahrringe ausgezählt werden. Leider war bei dem Radius von 150 cm nur eine Bohrtiefe von 60 cm zu erreichen. Die weitgehend homogene Jahrringverhältnisse rechtfertigen jedoch eine Hochrechnung, die maximal ein Alter von 350 bis 400 Jahren zuläßt. Auch dies ist ein stattliches Alter und läßt vermuten, daß dieser vitale Baum noch manche Jahrhunderte vor der Kirche freudig wächst.

In dem Kirchgarten sind noch einige andere bemerkenswerte Bäume wie Ahorn und Trauerbuche zu sehen.

Katalog-Nr. 215

Hofeichen im Münsterland

Die einzelstehenden, großen, weit ausgelegten Bauernhöfe des Münsterlandes sind fast ausschließlich mit Bäumen umgeben oder wenigstens durch einen Hofbaum gekennzeichnet. Sie haben oft ein beträchtliches Alter und verkörpern vielfach die zahlreichen Generationen eines alten Bauerngeschlechtes. Es gibt viele herausragende Beispiele.

Dicke Eiche auf dem Hof Schulze-Pellengahr

stand einst vor dem alten Haus des Hofes — 400 Meter von dem jetzigen Hofgelände entfernt — und wirkt völlig unerschütterlich in ihrer Größe, Stärke und fantastischen Verästelung. Sie ist genauso hoch wie breit — 25 Metrer. Ihre Äste sprießen fast vom Boden ab nach oben, sind stark geschwungen und greifen so ineinander über, daß eine auch im Winterzustand volle Krone auswächst. Der Stammumfang wurde in 1,3 m Höhe periodisch festgehalten:

1902 – 492 cm, ∅ 157 cm
1926 – 530 cm, ∅ 169 cm
1935 – 550 cm, ∅ 175 cm
1986 – 615 cm, ∅ 196 cm.

In 80 Jahren hat die Eiche um 40 cm, also je Jahr 0,5 cm, zugelegt, in den letzten 50 Jahren nur 20 cm = 0,4 cm.

Nach Jahrringbohrungen dürfte der Baum auf ein Alter bis zu etwa 500 Jahren kommen.

Weitere markante Hofeichen sind unter Nr. 2, 31, 34, 36 dargestellt.

Katalog-Nr. 54

Wittekind-Linde in Elbrinxen

Die Sommerlinde steht vor der Kirche auf dem Friedhof und zeichnet sich durch ein hohes Alter und einen ungewöhnlich starken Wuchs aus. Der Stamm kommt in der üblichen Meßhöhe von 1,3 m über dem Boden auf einen Umfang von 930 cm, teilt sich in 3 bis 4 m Höhe in zwei starke Hauptachsen auf, die wiederum in viele Starkäste übergehen. Die Höhe des Baumes beträgt 30 m, und die Krone bedeckt eine Fläche von über 500 qm.

Die Linde könnte zur Zeit des Kirchenbaues, also um 1100, gepflanzt worden sein. Somit wäre sie rund 900 Jahre alt, was durchaus im möglichen Vergleichsbereich liegt.

Das Dorf soll im 9. bis 10. Jahrhundert unter dem Namen Elmerinchusen gegründet worden sein und wird erstmalig 1219 urkundlich erwähnt. In der Soesterfehde wird der Ort 1447 zerstört, Kirche und Linde bleiben jedoch unversehrt. Erst 1515 wurde das Dorf an seiner heutigen Stelle wieder aufgebaut. Von der Kirche weiß man, daß sie 1620 gründlich erneuert wurde, 1699 bekam sie die 1462 geschnitzte wertvolle Kanzel aus Horn. Die Wittekindlinde bleibt hoffentlich ein sehens- und liebenswerter Baumpatriarch.

Nur wenige Kilometer nach Westen kann man eine weitere Friedhofs- oder Kirchenlinde bewundern. Die Katalog-Nr. 206

Kirchlinde in Reelkirchen

steht auf dem Kirchgarten neben der Kirche aus dem 12. Jahrhundert, umgeben von vielen alten Grabsteinen und weiteren solitären Bäumen. Ihre Hauptäste sind so gezogen worden, daß sie nach den Dörfern, die zu dem Kirchspiel gehören, hinweisen. Die Linde soll beim Bau der Kirche gepflanzt worden sein, käme also auf über 900 Jahre. In der langen Zeit scheint ihr Hauptstamm oft in der Spitze ausgebrochen zu sein, denn heute kann nur eine Höhe von knapp 20 m gemessen werden. Der Stammumfang mit 840 cm ist jedoch beträchtlich. Noch viel interessanter ist die Beastung dieses Baumes. Die Äste sind vielfach untereinander verwachsen, abgestützt, andere Zweige streben vital nach oben. Ein verwunschener Baum, der in dieses Milieu sehr gut hineinpaßt. Katalog-Nr. 205

Priorlinde in Priorei)**

Katalog-Nr. 290

In der Stadt Hagen, Ortsteil Priorei, steht oberhalb des Ortes vor dem Gasthaus „Zur 1000jährigen Priorlinde" die mächtige Kandelaberlinde. Ein bis zwei Meter über dem Erdboden teilt sich der Baum in zahlreiche (bis zu 15) Einzelstämme, so daß es scheint, als kämen viele Triebe aus dem Wurzelstock, fast nicht mehr zusammengehörend und doch gemeinsam aufstrebend. Immer wieder verjüngt sich der Baum: aus altem Holz und aus dem Hohlraum des Stammesinneren drängen junge Zweige zum Licht empor, so als seien sie Kinder des alten Recken, der immerhin eine Höhe von 25 m, eine Kronenbreite gleicher Größenordnung und einen schwer bestimmbaren Umfang von 7 bis 8 m erreicht.

Über die Geschichte des Baumes gibt es keine verläßlichen Angaben. Priorei deutet auf Kloster hin, das jedoch dort niemals existierte. Die Ableitung aus dem Althochdeutschen führt zu einem uralten Gerichts- und Thingplatz, der von einer Linde beherrscht wurde.

Um Christ Geburt reichte das zusammenhängende Waldgebiet von Nimwegen bis weit über Xanten hinaus.
Die Karolinger stärkten den Raum als Aufmarschgebiet gegen Friesen und Sachsen. Karl der Große errichtete um 774 in Nimwegen als militärischen Stützpunkt die Pfalz Numaga, gleichzeitig belegte er die umliegenden Feld- und vor allem Waldgebiete mit dem Königsbann. Damit erhielten Wald und Wild den höchsten Schutz, nämlich den der Krone, wie es Karl der Große in vielen Waldteilen seines Reiches mit Erfolg durchzusetzen wußte. Zahlreiche große Waldgebiete konnten mit diesem Instrument vor Raubbau und übermäßiger Rodung erfolgreich geschützt werden.
Der Zerfall der kaiserlichen Macht im ausgehenden Hochmittelalter, die Stärkung der Landesfürsten und die Zunahme der Bevölkerung führten zu umfangreichen Rodungen und die Trockenlegung der Sümpfe von Maas und Niers zu einer Teilung der ehemals geschlossenen Waldfläche. Rodungen des Mittelalters und Gründungen neuer Dörfer im

Kurfürsteneiche im Reichswald bei Kleve)**

19. Jahrhundert ließen die Waldfläche zu Anfang des 20. Jahrhunderts auf 7300 Hektar schrumpfen. Der Zweite Weltkrieg fügte den Bäumen schwere Wunden und Schäden zu, 1948 setzte eine weitere Rodungswelle mit 1500 Hektar Flächenverlust ein, so daß der staatliche Waldanteil des Forstamtes Kleve sich auf 5300 Hektar verringerte.

Inmitten dieses Waldes, in der Abteilung 119A, ragt die Kurfürsteneiche weit über die 92jährigen Eichen und Buchen hinaus. Neben ihrem mächtigen Stamm – Umfang 470 cm –, ihren gewaltigen und auffallend stark gebogenen Ästen, die eine Krone von 26 m Durchmesser zu tragen vermögen, wirken die sie umgebenden Bäume wie Streichhölzer. Immerhin schafft die Traubeneiche eine Höhe von 30 m und eine Holzmasse von ca. 25 Kubikmeter. Jahrringanalysen weisen ein Alter von etwa 350 Jahren nach. In alten Karten wurde dieser Baum immer als „Dicke Eiche" ausgewiesen. Erst in jüngster Zeit haben Heimatkundler und Förster nach historischen Beziehungen gefahndet und die Umbenennung vorgenommen. Der

Große Kurfürst (regierte von 1640 bis 1688), zu dessen Zeit sie gekeimt haben kann, wurde deshalb gewählt, weil sein Statthalter, Prinz Moritz von Hessen-Nassau, der von 1647 bis 1679 brandenburgischer Statthalter in Kleve war, mit seinem gestalterischen Schönheitssinn das Bild der Stadt, vor allem der stadtnahen Parkanlagen und auch der Wälder nachhaltig und noch heute spürbar geprägt hat.

Katalog-Nr. 61

Dicke Buche bei Krombach)**

Sie ist eine der interessantesten Altbuchen, die es in deutschen Landen gibt. Wer an ihr vorübergehen kann, ohne ihren Bann, ihre Ausstrahlung, ihre Wunderwelt zu spüren, der muß gegenüber der Natur unempflindlich, ja abgestumpft sein. Über diesen uralten Handelsweg, an dem sie wächst, sind jahrhundertelang Händler, Wanderer und Soldaten gezogen, haben auf dem Platz und im Schatten der Buche sich erholt und bestimmt auch darüber nachgesonnen, wie ihr bizarrer Wuchs, ihr zerklüfteter Stamm oder ihr Wurzelstock zustande kamen. Die Landstraße führt, von Frankfurt kommend, durch das Siegerland in das gewerbereiche Bergische Land. Napoleon soll auf ihr gefahren sein. Deshalb nennt man sie heute auch Napoleonstraße.

Die Form der Buche läßt uns erstaunen: auf tausend Elefantenfüßen erhebt sich ein kurzer, gedrungener Leib mit vielen Ausbuchtungen und Tälern – völlig ungewohnt. Darüber entwickelt sich eine vielarmige Krone, nicht hoch, nur 22 m, sondern unausgeglichen fremd – ein Gnom mit tausend Hörnern.

Neben der Buche kann man den alten Grenzwall erkennen, der durch einen 200 bis 400 m tiefen Lebendverhau von Bäumen, Büschen und Dornen undurchdringlich abgesichert worden war. Dieses „Alte Heck“ sollte Schutz vor den „bösen Kölschen“ geben und die Grenze zwischen dem alten Fürstentum Siegen und dem Kurfürstentum Köln absichern. Die dicke Buche war wohl ein Grenzbaum, vielleicht auch ein Beobachtungsstand. Sie wird auf 300 bis 400 Jahre eingeschätzt. Die Bohrungen trafen auf einen gesunden Stamm, der mit relativ breiten Jahrringen gebildet wird, durchschnittlich 4 mm je Jahr. So

kommt sie „nur“ auf ein Alter von etwa 250 Jahren.

Katalog-Nr. 282

Grenzbuchen auf dem Aachener Landgraben

So wie bei der Dicken Buche bei Krombach ein lebender Verhau als undurchlässige Grenzmarkierung bestand, so verkörpern die alten Buchen auf dem Aachener Landgraben eine Grenzmarkierung, die 1611 angelegt worden war. Die ein-, teilweise auch zweireihig gepflanzten Buchen wurden regelmäßig zurückgeschnitten und ineinander verflochten.

Man hat sich früher häufig mit solch lebenden Grenzverhauen beholfen, die mit Buchen, Hainbuchen, vor allem aber mit dazwischengepflanzten Büschen und Dornen zu einem fast undurchdringlichen Dickicht verknüpft wurden. Ihre Tiefe war unterschiedlich, jedoch so gestaffelt, daß sie eine eigene Pflanzengemeinschaft bilden konnten.

Anlage und Pflege waren zeitaufwendig, arbeitsintensiv und verlangten gute Kenntnisse. Denn man mußte das richtige Verhältnis zwischen Bäumen, Sträuchern und Dornbüschen herstel-

Katalog-Nr. 133

len. Dazu benötigte man licht- und schattenertragende Pflanzen, die so eng verschlungen und verknüpft werden mußten, daß sie nicht durchdringbar waren. Außerdem mußte durch gezielten Schnitt erreicht werden, daß die Hecke in allen Teilen vital elastisch blieb. Die wenigen Durchlässe wurden bewacht oder mit Kunsttoren versehen. Es war die germanische Art des Limes und unterschied sich stark von technischen Konstruktionen wie Wassergräben, Palisadenwände u. ä. Bei Aachen sollte die Grenze zwischen dem Herzogtum Limburg und Aachen abgesichert werden. Heute läuft entlang dieses Landgrabens, der mit 300- bis 400jährigen Buchen bewachsen ist, die deutsch-belgische Grenze, vorbei an den Zyklopensteinen und dem Grenzübergang Köpfchen. Auch in anderen Landesteilen findet man ähnliche Grenzverhaue. Bekannt ist das kilometerlange, dichte Rheingauer Gebück, das Kurmainz gegen die „Wandalen" im 11. Jahrhundert errichten ließ und seine Schutzfunktion bis zur Kriegsführung mit Kanonen bewahrte.

Marktlinde in Tecklenburg .

Auf der Paßhöhe der nördlich gelegenen Sandsteinkette des Teutoburger Waldes liegt das malerisch schöne Städtchen Tecklenburg. Seine schmalen Gassen und sein romantisches Fachwerk, die das Stadtbild einheitlich prägen, machen es zu einem beliebten Anziehungspunkt im Tecklenburger Land.

Viele alte Fachwerkhäuser im Stadtkern tragen noch Inschriften vergangener Jahrhunderte, teilweise sogar aus dem Dreißigjährigen Krieg. Zuweilen findet man auch noch alte Ziehbrunnen, die früher die Wasserversorgung sicherstellten. Man spürt in dieser Umgebung das ehrwürdige Alter der Stadt, die bereits 1388 die Stadtrechte erhielt.

Über Tecklenburg erhebt sich der Burgberg mit der Burgruine aus dem 12. Jahrhundert. Von hier wurde die Grafschaft Tecklenburg regiert, mit wechselnden Grafen- und Fürstenhäusern, bis sie 1707 durch Preußen gekauft wurde. Im gleichen Jahrhundert verfielen Burg- und Festungsanlagen, die Steine wurden zum Aufbau neuer Häuser gerne verwendet. Von der Burg, insbesondere von dem 1884 errichteten

Wehrturm, hat man einen herrlichen Fernblick. Den äußeren Burghof hat man bereits vor 50 Jahren zu einer Freilichtbühne umgebaut.
Es gibt noch viele andere Sehenswürdigkeiten, so die evangelische Stadtkirche (1560–66), eine der wenigen Renaissancekirchen Westfalens, der 1710 ein Barockturm angebaut wurde. Sehenswert sind auch das alte Torhaus »Legge« (1577) oder die Leinenprüfanstalt von 1660.
Inmitten dieser ehrwürdigen Altstadt liegt der Marktplatz mit einem modernen Brunnen und alten Fachwerkhäusern. Das Haus Nr. 1 wurde 1587 errichtet und gleichzeitig vor ihm eine Winterlinde gepflanzt, die heute noch kraftvoll den Stadtplatz ziert. Sie stellt eine lebendige Verbindung alter Stadtentwicklung, handwerklicher Baukunst – das älteste Fachwerkhaus stammt aus dem Jahre 1513 – und moderner Lebensweise dar, spendet Freude und Hoffnung und präsentiert die Lebenskraft eines alten Baumes. Er wurde 25 m hoch, hat einen Umfang von 450 cm und eine Krone von 24 m Durchmesser.

Katalog-Nr.: 13

Bäume am Kloster Dalheim)**

Die Klosteranlage ist allein eine Reise wert. Das Frauenkloster – erstmals 1264 benannt – dürfte aus dem 12. Jahrhundert stammen. Bereits 1369 brannte es aus. Der Wiederaufbau führte zu einem Kloster der Augustiner-Chorherren, das 1452 selbständig wurde. Acht Jahre später begann der Dalheimer Prior Johannes Dreyer mit dem Bau der Klosterkirche. Sie sollte als »Stadt Gottes... auf dem Gipfel des Berges« erstehen. Mit der Säkularisierung wurde das Kloster 1803 aufgelöst und auf eine Staatsdomäne so brutal umgestellt, daß die Kirche zum Stall und Heuboden gleichzeitig umfunktioniert wurde. Heute bemüht sich der Eigentümer, der Landschaftsverband Westfalen-Lippe, erfolgreich um eine Restaurierung der Wohn-, Sakral- und Wirtschaftsgebäude und um die Einrichtung von Museen.

Viele interessante Bäume sind auf dem Gebiet der Klosteranlage zu finden.

<u>Die Wuchereiche</u>

am Osthang des Pagenberges zum Tiggesgrund hin dürfte 400 bis 500 Jahre alt sein. Sie er-

reicht einen Stammumfang von 650 cm bei 14 m Höhe.
Der Baum zeichnet sich durch Berge von Kuppeln aus. Das 3-m-Erdstück steckt voller Beulen, Wucherungen, Krebse und Geschwülste. Sie bleiben bis in die Krone erhalten.

Wieseneiche im Apfelbaumgrund

1300 m talaufwärts vom Kloster geht der beschilderte Weg rechts ab zur Wieseneiche im Apfelbaumgrund. Sie präsentiert sich sehr stark und breitkronig.
Hinter dem Waldrand auf gleicher Höhe sind noch die Grundmauern der Nuttler Kirche von 1444 zu sehen. Daneben ist eine Uralteiche abgestorben.
Um das Kloster herum waren Linden als Wegmarkierung gepflanzt. Sie standen jeweils von dem Kloster aus in Richtungen der Siedlungen, deren Namen sie trugen und waren stets 1000 m voneinander entfernt gesetzt worden.
So kennzeichnet in Mühlenfeld an der Teerstraße von Dalheim Richtung Husen

die Huser Linde

den Weg nach diesem Ort. Sie dürfte auch nach Jahrringmes-

sungen etwa 400 Jahre alt sein, kommt auf die beträchtliche Höhe von 31 Metern und wird von einem starken Stamm mit 650 cm Umfang getragen.
An der Westmauer des Klosters schließt sich der

Eichenhof

an. Es sind Stieleichen von 25 bis 32 m Höhe. Leider wurden junge Ahorne und Linden nachgepflanzt.
Die spätgotischen und barocken Klosterbauten verbinden sich gut mit den ehrwürdigen alten Bäumen, zu denen man noch die bizarre, weit ausladende Altesche an der Ostseite des Klosters und die vier Linden an der Fürstenbergerstraße hinzurechnen muß.
Die

Dankelmanneiche

wächst oberhalb des Klosters, etwa 4 km den Talgrund hinauf, an einem Wegekreuz frei am Waldrand. Der Wanderweg ist gut beschildert. Bei einem Alter von 250 bis 300 Jahren fällt die Eiche mit ihrer Höhe von 31 m und einem Umfang von 360 cm besonders durch den walzenförmigen, astfreien Schaft auf, der erst sehr spät eine Krone bildet.

Katalog-Nr. 222–226

Übersichtskarten

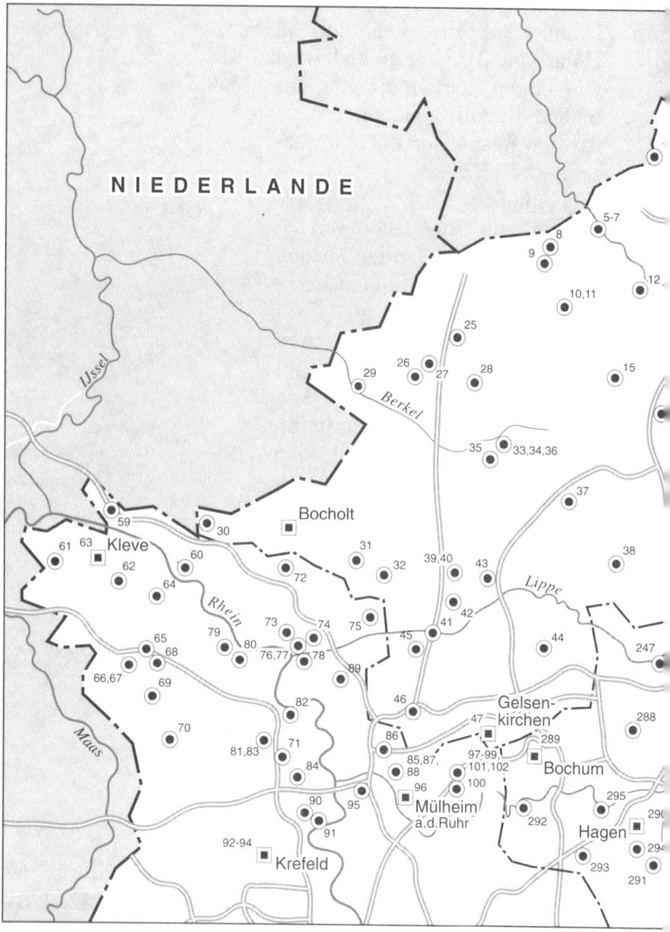

Nordrhein-Westfalen Nord

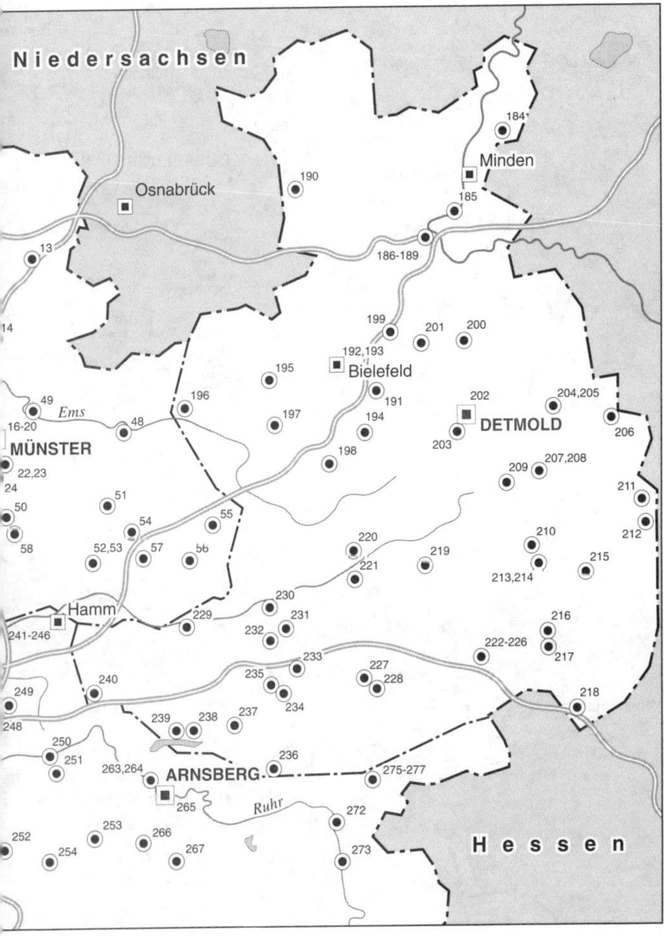

Übersichtskarten

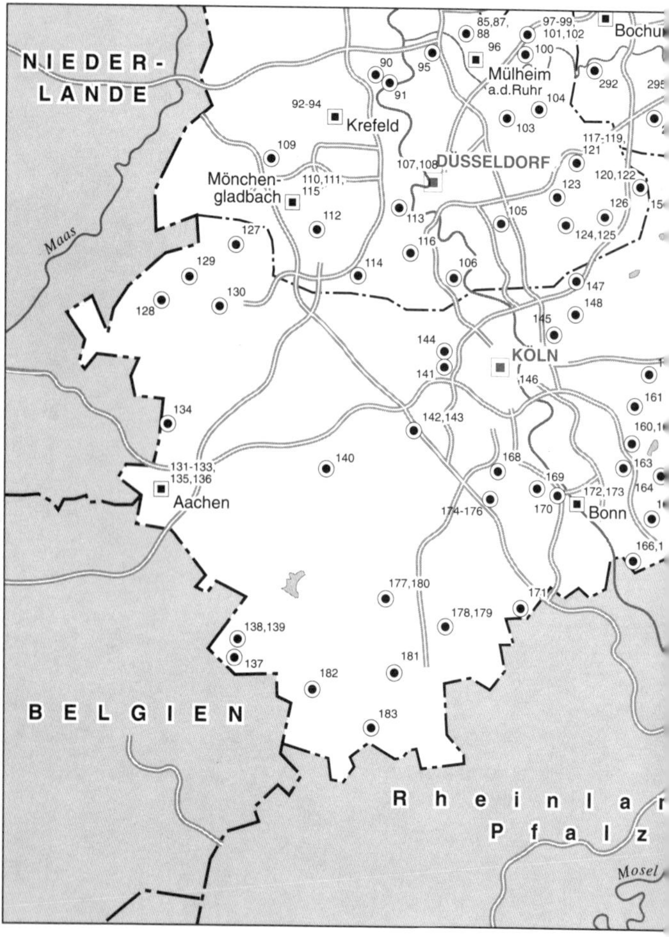

Nordrhein-Westfalen Süd

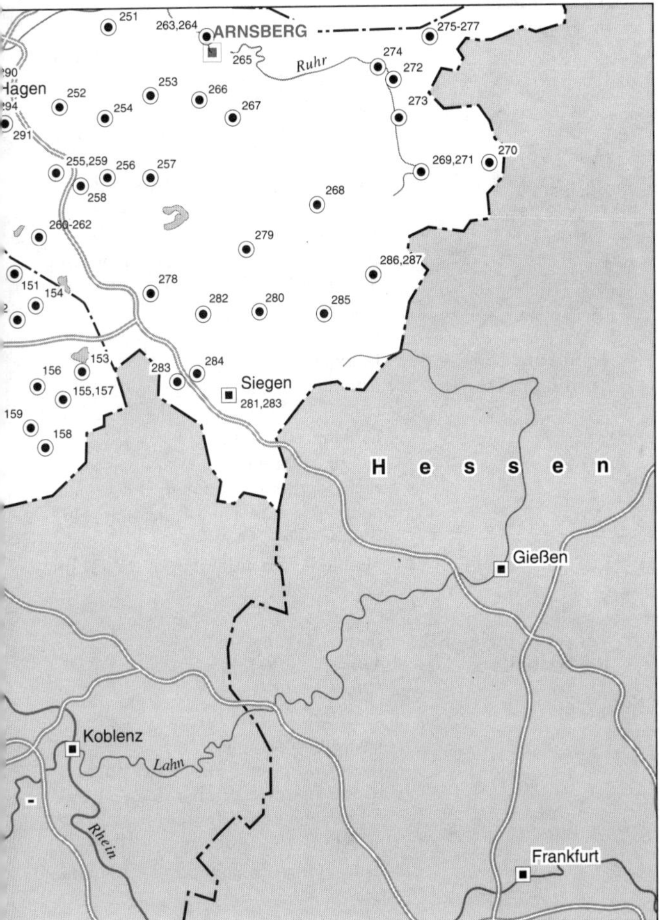

Regierungsbezirk Münster

Kreis Steinfurt

1 Dicke Eiche in Hopsten

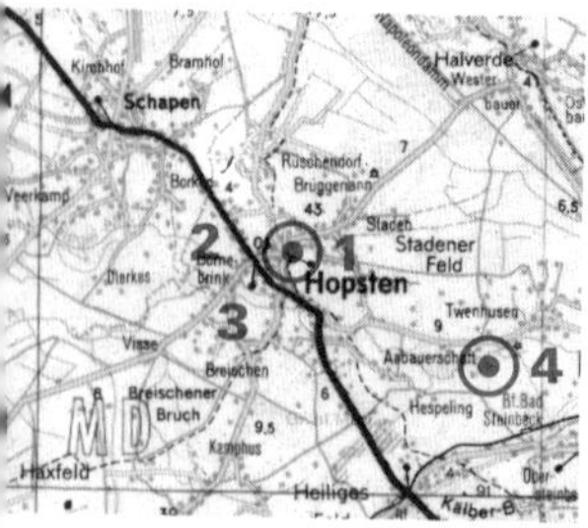

Baumart: Eiche
Alter: 800–1000 Jahre
Höhe: 27 m Krone: 30 m
Umfang: 830 cm
Forstamt: Steinfurt
Besonderheiten: gewaltiger Stamm, in 3–5 m in zahlreiche starke Stämme aufgelöst, die alle senkrecht wie ein Baum gen Himmel streben, Stieleiche
Standort: in Hopsten, auf dem Hof der Familie Brockmöller, Recherstraße

2 Eiche am Hof Holling in Hopsten

Baumart: Eiche
Alter: 500 Jahre
Höhe: 29 m Krone: 25 m
Umfang: 550 cm
Forstamt: Steinfurt
Besonderheiten: auf dem Hof stehen noch eine alte Ulme und eine alte Winterlinde
Standort: Brenninkmeyerstraße, in der Nähe der Kirche

3 Tausendjährige Eibe bei Withake

Baumart: Eibe
Alter: 600 Jahre
Höhe: 13 m Krone: 15 m
Umfang: 250 cm
Forstamt: Steinfurt
Besonderheiten: gesunder Stamm, Krone zweigeteilt, aber dennoch geschlossene Erscheinung
Standort: Hopsten auf dem Bülten, Anfahrt über Schaler Straße, steht im Garten

4 Eiche bei Recke

Baumart: Eiche
Alter: 700 Jahre
Höhe: 28 m Krone: 27 m
Umfang: 840 cm
Forstamt: Steinfurt
Besonderheiten: kurzer mächtiger Stamm mit vielen Starkästen. Einzelne Astabbrüche mit z.T. tiefen Hohlstellen
Standort: an der L 599 von Recke nach Hopsten

5 Schwarzpappel in Rheine

Baumart: Pappel
Alter: 200 Jahre
Höhe: 30 m Krone: 5 m
Umfang: 700 cm
Forstamt: Steinfurt
Besonderheiten: Mächtiger Solitär
Standort: auf dem Grundstück Wasserstraße 67

6 Tanzlinde in Rheine

Baumart: Linde
Alter: 200 Jahre
Höhe: 4 m Krone: 12 m
Umfang: 240 cm
Forstamt: Steinfurt
Besonderheiten: gärtnerisch erzogene flache Krone, spalierbaumartig ausgebildet
Standort: an der Saline, Salinenstraße

7 Eßkastanie auf dem Hügel in Rheine

Baumart: Eßkastanie
Alter: 250–300 Jahre
Höhe: 28 m Krone: 15 m
Umfang: 840 cm
Forstamt: Steinfurt
Besonderheiten: sehr starker Baum in der Nähe mehrerer Eiben
Standort: kleiner Hügel hinter der Tanzlinde an der Salinenstraße

8 Eiche in Bilk

Baumart: Eiche
Alter: 200 Jahre
Höhe: 27 m Krone: 22 m
Umfang: 410 cm
Forstamt: Steinfurt
Besonderheiten: gute Form
Standort: OT Bilk gegenüber dem Hof Schulze–Bilk am Waldrand, Wanderweg Nr. 11

9 Linde in Rothenberge

Baumart: Linde
Alter: 400 Jahre
Höhe: 20 m Krone: 25 m
Umfang: 510 cm
Forstamt: Steinfurt
Besonderheiten: voll bekronter Solitär, baumchirurgisch behandelt, Sommerlinde
Standort: Wanderweg Nr. 7 am Rothen Berg zwischen Schulte – Sutrum und Holtmann

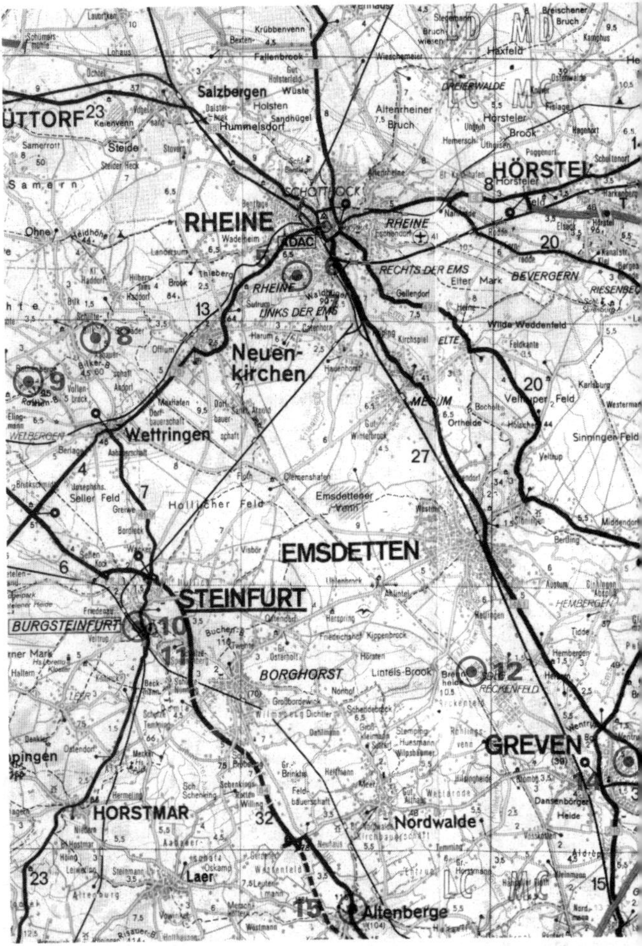
Salzbergen
Hummelsdorf
Altenrheiner Bruch
Hörsteler Brook
HÖRSTEL
SCHOTTHOCK
RHEINE
ADAC
RECHTS DER EMS
LINKS DER EMS
BEVERGERN
Wilde Weddenfeld
Neuenkirchen
8
9
Wettringen
MESUM
Sinningen Feld
Hollicher Feld
Emsdettener Venn
EMSDETTEN
STEINFURT
BURGSTEINFURT
10
11
BORGHORST
Lintels-Brook
12
RECKENFELD
GREVEN
HORSTMAR
Nordwalde
Laer
15
Altenberge

10 Bäume im Bagno in Steinfurt

Baumart: Platane
Alter: 250 Jahre
Höhe: 30 m Krone: 20 m
Umfang: 430 cm
Forstamt: Steinfurt
Besonderheiten: ehem. Botanischer Garten des Apothekers Houth. Dort eine weitere starke Blutbuche.
Standort: im Bagno im Nordwesten gegenüber Parkplatz

11 Eiche im Bagno in Steinfurt

Baumart: Eiche
Alter: 400 Jahre
Höhe: 32 m ·Krone: 22 m
Umfang: 560 cm
Forstamt: Steinfurt
Besonderheiten: sehr starke Eiche
Standort: im Bagno in Verlängerung der Platanen am Golfplatz im Bestand

12 Buchen bei Emsdetten

Baumart: Buche
Alter: 300 Jahre
Höhe: 27/32 m Krone: 18/27 m
Umfang: 510/590 cm
Forstamt: Steinfurt
Besonderheiten: Buche mit zweiteiliger Krone, ursprünglich dreiteilig, ein Ast gebrochen, Stämme voll verwachsen
Standort: Emsdetten OT Hollingen hinter der Wirtschaft Veltrup über Mühlenbachbrücke Weg zu den Buchen im Südwesten, stehen in der Nähe des Mühlbaches, kurz hinter der Feldgrenze im Bestand.

13 Marktlinde in Tecklenburg

Baumart: Linde
Alter: 400 Jahre
Höhe: 25 m Krone: 24 m
Umfang: 440 cm
Forstamt: Steinfurt
Besonderheiten: mehrtriebiger breiter Baum, interessant wg. des Stadtbildes mit alten Fachwerkhäusern, Winterlinde
Standort: auf dem Marktplatz vor dem Haus Nr. 1

14 Walnußbaum in Greven

Baumart: Nuß
Alter: 150 Jahre
Höhe: 15 m Krone: 20 m
Umfang: 350 cm
Forstamt: Steinfurt
Besonderheiten: besonders starker Baum einer wenig verbreiteten Baumart
Standort: Kardinal von Galen Str. in Greven

15 Krüsellinde in Altenberge

Baumart: Linde
Alter: 250 Jahre
Höhe: 15 m Krone: 16 m
Umfang: 360 cm
Forstamt: Steinfurt
Besonderheiten: Stamm löst sich in 6 m Höhe in viele Einzelbäume auf, Wappen der Gemeinde, alte Gerichtsstätte aus der Zeit Karls des Großen (in der Nähe von Freistuhl)
Standort: am Krüner Weg in Altenberge

16 Blutbuche im Schloßgarten in Münster

Baumart: Buche
Alter: 210 Jahre
Höhe: 36 m Krone: 38 m
Umfang: 710 cm
Forstamt: Münster
Besonderheiten: bereits im Forstbotanischen Merkbuch 1904 erwähnt, dortige Maße Höhe 28 m, Umfang 355 m, Krone 28 m. Starker Solitär, gepfropft. Standort: 100 m nordwestl. des Schlosses auf Rasenfläche.

17 Platane im Schloßgarten Münster

Baumart: Platane
Alter: 180 Jahre
Höhe: 26 m Krone: 32 m
Umfang: 500 cm
Forstamt: Münster
Besonderheiten: der starke Stamm gabelt sich in 7 m Höhe in 4 starke Äste, gesund. Im Forstbotanischen Merkbuch 1904 beschrieben, Altersangabe 60 Jahre.
Standort: Rückfront des Schlosses Münster

18 Birnbaum bei Gut Wilkinghege in Münster

Baumart: Birne
Alter: 240 Jahre
Höhe: 16 m Krone: 14 m
Umfang: 260 cm
Forstamt: Münster
Besonderheiten: Speckbirne, Solitär, trägt noch regelmäßig Früchte, obwohl kernfaul und Krone teilweise abgestorben, vermutlich beim Bau des Hauses vor 1750 gepflanzt

Standort: Grundstück Gut Wilkinghege, ca. 30 m östl. des Hauptgebäudes

19 Ulme in Nottebrack bei Münster

Baumart: Ulme
Alter: 140 Jahre
Höhe: 32 m Krone: 20 m
Umfang: 260 cm
Forstamt: Münster
Besonderheiten: Flatterulme, eine von einem Dutzend Flatterulmen entlang des Grabens, vollholziger geradschaftiger regelbekronter Stamm, gesund. Schaft 17 m lang, aufgegabelt in 4 große Äste.
Standort: Forstgebiet Nottebrack, Distr. 56 B, südl. der Naturwaldzelle an der Westseite des Forstweges.

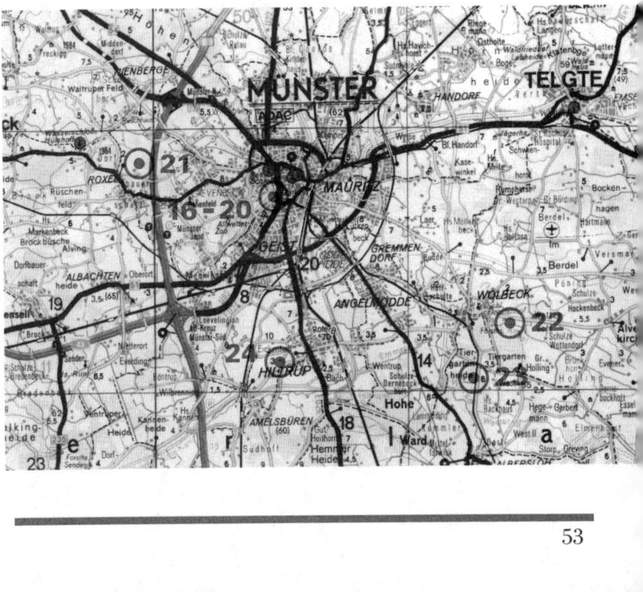

20 Stieleiche im Klosterholz in Münster

Baumart: Eiche
Alter: 220 Jahre
Höhe: 34 m Krone: 15 m
Umfang: 445 cm
Forstamt: Münster
Besonderheiten: voll bekronter Solitärbaum, gesund, vollholzig, gradschaftig, 14 m Schaftlänge
Standort: Forststudienfonds – Forstrevier „Klosterholz", an der Landstraße Ottmarsbocholterstraße, ca. 200 m südlich des Waldeinganges direkt an der Ostseite der Straße

21 Annetteeibe bei Ruschhaus, Nähe Roxel

Baumart: Eibe
Alter: 200 Jahre
Höhe: 14 m Krone: 10 m
Umfang: 145 cm
Forstamt: Münster
Besonderheiten: angeblich häufiger Rastplatz der Dichterin Annette von Droste–Hülshoff bei den täglichen Gängen nach Vögeding
Standort: am alten Verbindungsweg zwischen Ruschhaus und Haus Vögeding im Wald, am Rande eines Fichten/Lärchenstangenholzes, etwa 300 m westl. der Gaststätte Hürlander

22 Eibe in Wolbeck

Baumart: Eibe
Alter: 350 Jahre
Höhe: 14 m Krone: 20 m
Umfang: 270 cm
Forstamt: Münster
Besonderheiten: wahrscheinlich älteste und größte Eibe von Münster,

angepflanzt als Schmuckstück eines ehem. Renaissancegartens, weiblich.
Standort: östliche Schloßmauer im Schloßgarten des Wolbecker Drostenhofes

23 Donareiche in Wolbeck

Baumart: Eiche
Alter: 550–600 Jahre
Höhe: 30 m Krone: 18 m
Umfang: 470 cm
Forstamt: Münster
Besonderheiten: Wappenbaum von Wolbeck
Standort: im Naturschutzgebiet im Wolbecker Tiergarten

24 Eibe auf Hof Herding in Hiltrup Stadt Münster

Baumart: Eibe
Alter: 350 Jahre
Höhe: 8 m Krone: 5 m
Umfang: 184/145 cm
Forstamt: Münster
Besonderheiten: der Baum soll 1648 nach dem 30jahr. Krieg als Friedensbaum gepflanzt worden sein. Zwiesel ab 30 cm.
Standort: auf dem Hof Herding

25 Kaiserlinde in Heek

Baumart: Linde
Alter: 300 Jahre
Höhe: 27 m Krone: 25 m
Umfang: 470 cm
Forstamt: Borken
Besonderheiten: 3 m hoher Stamm, darüber 5 Starkäste, Stamm beginnt hohl zu werden
Standort: Ortsmitte an der Kirche

26 Dicke Linde bei Wüllen

Baumart: Linde
Alter: 300–400 Jahre
Höhe: 24 m Krone: 21 m
Umfang: 490 cm
Forstamt: Borken
Besonderheiten: sie soll aus 7 Linden zusammengewachsen sein, stark gefurchter Stamm beginnt sich aufzuspalten, Sommerlinde.
Standort: Straße Düwing–Dyk 600 m, dann 200 m links am Teerweg

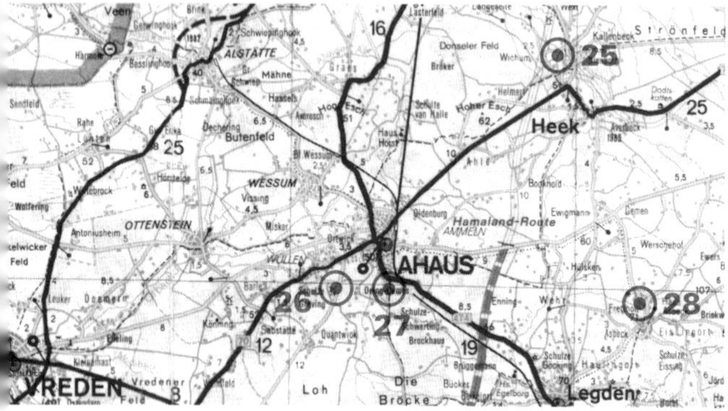

27 Linde in Ahaus

Baumart: Linde
Alter: 500 Jahre
Höhe: 24 m Krone: 16 m
Umfang: 690 cm
Forstamt: Borken
Besonderheiten: Ensemble mit Prozessionsstation, gesunder Stamm, starke Wurzelanläufe.
Standort: am Kalvarienberg, an der B474 südwestwärts am Ortsausgang von Ahaus

28 Linde in Asbeck

Baumart: Linde
Alter: über 500 Jahre
Höhe: 15 m Krone: 20 m
Umfang: 1000 cm
Forstamt: Borken
Besonderheiten: hohler Stamm, gespalten in 2 Teile, starke weit ausladende Krone, Sommerlinde, saniert.
Standort: Gemeinde Legden, OT Asbeck am Dorfrand Richtung Schöppingen – Lindenweg

29 Eibe bei Vreden

Baumart: Eibe
Alter: über 300 Jahre
Höhe: 12 m Krone: 10 m
Umfang: 250 cm
Forstamt: Borken
Besonderheiten: sehr starker Stamm, leicht gedreht, mit voller gesunder Krone.
Standort: im Südosten von Vreden an einem Feldweg zwischen Bahn und Kreisstraße 20

30 Dicke Eiche in Anholt

Baumart: Eiche
Alter: 490 Jahre
Höhe: 30 m Krone: 20 m
Umfang: 565 cm
Forstamt: Borken
Besonderheiten: wurde nach Erstellung von Wall und Graben um 1500 gepflanzt.
Vor dem Baum interessante Tafel des Heimatvereins Anholt.
Standort: unweit vom Stadtwald neben dem Feuerwehrgerätehaus

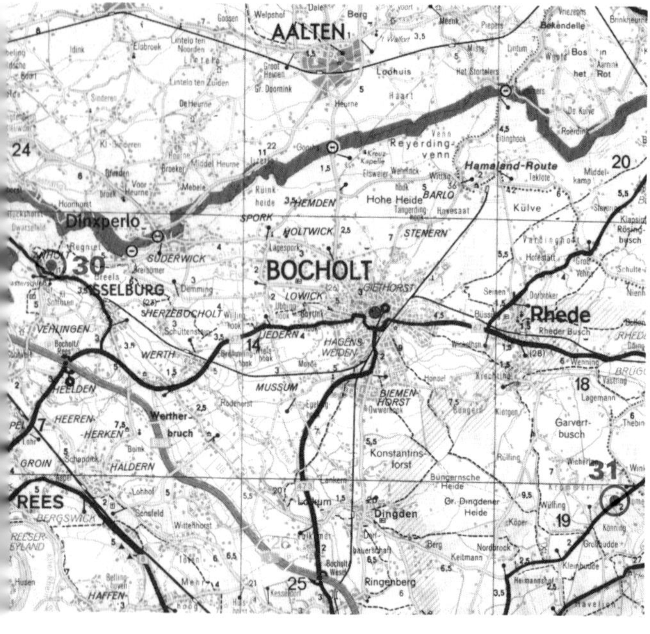

31 Ulme in Homer

Baumart: Ulme
Alter: 600 Jahre
Höhe: 16 m Krone: 18 m
Umfang: 830 cm
Forstamt: Borken
Besonderheiten: alter heiliger Baum, auch Predigtbaum genannt, 1959 durch Feuer gespalten. Einer der verbliebenen Stammteile ist völlig hohl.
Standort: auf dem Hof Roring-Brink und Schulte in Raesfeld-Homer, Straße an der Ulme. Anfahrt über Kreisstraße Bushaltestelle „Grunden“

32 Femeeiche in Erle

Baumart: Eiche
Alter: über 1000 Jahre
Höhe: 11 m Krone: 8 m einseit.
Umfang: nicht meßbar
Forstamt: Borken
Besonderheiten: es steht nur noch Rinde, teils nach innen eingerollt und gespenstisch mit Eisenstangen gestützt, Stieleiche
Standort: in der Nähe des Dorfplatzes in Erle.

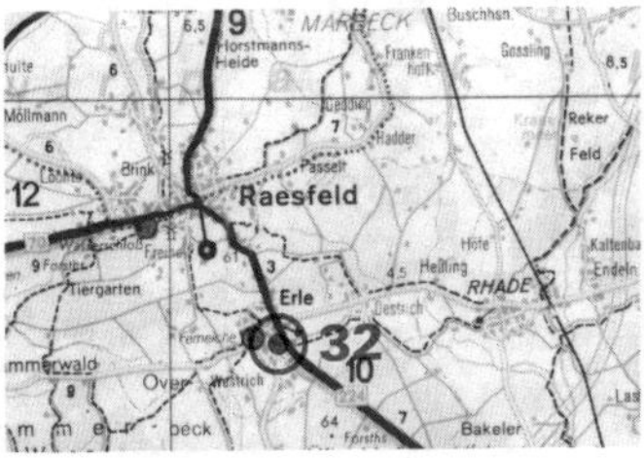

33 Alte Kopfweide in Sirksfeld

Baumart: Weide
Alter: 100 Jahre
Höhe: 11 m Krone: 9 m
Umfang: 250 cm
Forstamt: Münster
Besonderheiten: in 3 m Höhe Stamm in starke Äste aufgeteilt, hohl, einige Segmente
Standort: in Sirksfeld am Weg entlang Völkerskamp nordwestl. Coesfeld

34 Alte Linde am Hof Grothues bei Coesfeld

Baumart: Linde
Alter: 250–300 Jahre
Höhe: 25 m Krone: 18 m
Umfang: 330 cm
Forstamt: Münster
Besonderheiten: in 5 m Höhe teilt sich der Stamm in ein kraftvolles Astwerk auf, starke Wurzelausbildung. Winterlinde steht auf einem von Jesuiten angelegten Hügel. Auf dem Hof weiterhin eine starke alte Kastanie.
Standort: Hof Grothues ehem. Jesuitenhof bei Coesfeld

35 Antoniusbaum in Goxel

Baumart: Linde
Alter: 180 Jahre
Höhe: 25 m Krone: 20 m
Umfang: 450 cm
Forstamt: Münster
Besonderheiten: ehemals 2 Bäume, die 1811 nach dem napoleonischen Einmarsch um einen Bildstock des Hl. Antonius gepflanzt worden waren. Ein Baum ist abgestorben,

der verbleibende hat zweigeteilten Stamm.
Standort: neben dem Hof Kaup-Hertger in Coesfeld, OT Goxel, im freien Feld in der Nähe der alten Bahnlinie.

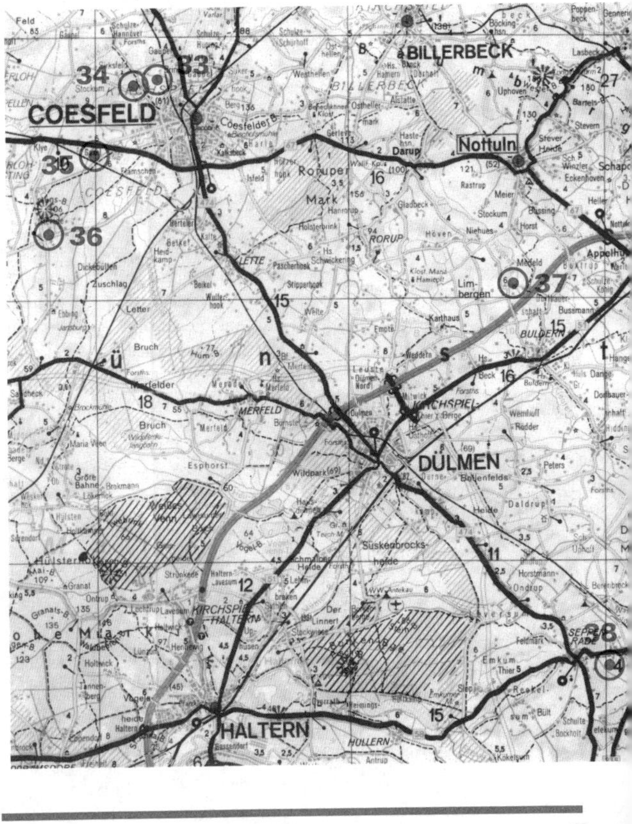

36 Eiche in Coesfeld

Baumart: Eiche
Alter: 500 Jahre
Höhe: 26 m Krone: 24 m
Umfang: 590 cm
Forstamt: Münster
Besonderheiten: auch Hillerts-Eiche genannt. Tief angesetzte, weit ausladende Krone, eingebauter Blitzableiter.
Standort: auf dem Hof Schulze Hillert, Stevede 36, 4420 Coesfeld

37 Eiche bei Buldern

Baumart: Eiche
Alter: 400–500 Jahre
Höhe: 22 m Krone: 23 m
Umfang: 510 cm
Forstamt: Münster
Besonderheiten: starker Stamm, der sich in mehrere Hauptäste auflöst. Soll zur Zeit gepflanzt worden sein, als sich Münster anschickte, Hansestadt zu werden.
Standort: nördl. von Buldern über die A 43 hinaus vor dem Hofe Schultze-Limberg

38 Eiche bei Lüdinghausen

Baumart: Eiche
Alter: 250–300 Jahre
Höhe: 19 m Krone: 20 m
Umfang: 420 cm
Forstamt: Münster
Besonderheiten: Solitär mit starker Krone, alter Blitzschlag
Standort: im Industriegebiet westlich von Lüdinghausen gegenüber Marderweg 20–22

39 Kastanien vor der Michaeliskapelle in Lembeck

Baumart: Eßkastanie
Alter: 260 Jahre
Höhe: 12/24 m Krone: 11/16 m
Umfang: 500/400 cm
Forstamt: Recklinghausen
Besonderheiten: kurz nach dem Bau der Kapelle 1726 gepflanzt, 2 Eßkastanien, knorrig, bei der stärkeren die Krone ausgebrochen.
Standort: vor der Kapelle, 2 km von Lembeck entfernt an der Straße nach Rhade.

40 Buchen im Lembecker Schloßpark

Baumart: Buche
Alter: 200 Jahre
Höhe: 33 m Krone: 26 m
Umfang: 400 cm
Forstamt: Recklinghausen

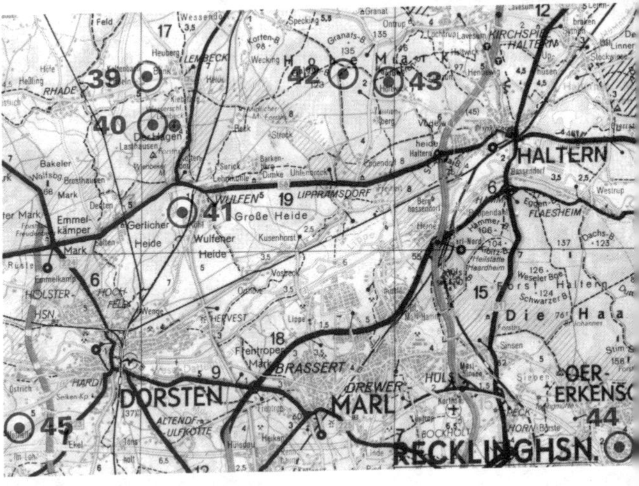

Besonderheiten: Schloßpark im englischen Stil als Landschaftspark angelegt, eine Gruppe auffallend starker Buchen. Auch alte Eiche, Linde und Ulme stehen in dem Park.
Standort: Schloßpark Lembeck.

41 Napoleonsbuche bei Dorsten

Baumart: Buche
Alter: 400 Jahre
Höhe: 28 m Krone: 18 m
Umfang: 580 cm
Forstamt: Recklinghausen
Besonderheiten: starker Baum, den bereits Napoleon bewundert haben soll, saniert
Standort: in der Hohen Mark bei Dorsten–Wulfen, in der Nähe der Gaststätte Waldschenke am Napoleonsweg

42 Napoleonsbuche in Lippramsdorf

Baumart: Buche
Alter: 400 Jahre
Höhe: 19 m Krone: 17 m
Umfang: 450 cm
Forstamt: Recklinghausen
Besonderheiten: steht am alten Napoleonsweg von Dorsten–Wulfen nach Haltern–Lavesum. Stamm innen hohl, Krone ausgebrochen, knorrig, beulig.
Standort: A 43 Ausfahrt Haltern B 58 Wesel ca. 2 km, rechts abbiegen Granatstraße ca. 4 km bis zur Kreuzung (Reckenerstraße), links abbiegen gut befestigter Waldweg – alter Napoleonsweg – Richtung Dorsten–Wulfen 2 km auf der linken Seite

43 Hexenbuchen bei Haltern

Baumart: Buche
Alter: 250–300 Jahre
Höhe: 08–16 m Krone:
Umfang: 100–300 cm 15–25 m

Forstamt: Recklinghausen
Besonderheiten: 8 Süntelbuchen mit schlangenartigem Wuchs in einem Kreis von 50 m stehend. Sehr interessante Gruppe.
Standort: B 58 Haltern nach Wesel, 6 km nach Norden Richtung Eppendorf, Tannenberg nach 5 km vor Parkplatz an Straße 500 m ostwärts entlang Waldweg mit alten knorrigen Buchen – alte Wallhecke.

44 Das Baumtor in Oer-Erkenschwick

Baumart: Buche
Alter: 100 Jahre
Höhe: 16 m Krone: 10 m
Umfang: 140/123 cm
Forstamt: Recklinghausen
Besonderheiten: 2 junge Hainbuchen wurden zusammengebunden und bilden ein Tor mit einer guten Krone
Standort: in der Schulstraße.

45 Eiche bei Nothelle

Baumart: Eiche
Alter: 250 Jahre
Höhe: 12 m Krone: 6 m
Umfang: 340 cm
Forstamt: Recklinghausen
Besonderheiten: alter Gerichtsbaum, nachgewiesen durch Familie Nothelle
Standort: An der Wienbecke 51, auf der Rückseite der Zeche Fürst–Leopold–Baldur in Hervest–Dorsten, neben dem Fuhr– u. Reinigungsamt

46 Walnußbaum in Kirchhellen

Baumart: Walnuß
Alter: 200–300 Jahre
Höhe: 22 m Krone: 24 m
Umfang: 320 cm
Forstamt: Recklinghausen
Besonderheiten: sehr wüchsiger breitkroniger starker Nußbaum
Standort: in Bottrop–Kirchhellen, Lemmhoff 41, Bauernhof.

Stadt Gelsenkirchen

47 Riesenbuche auf der Löchterheide bei Buer

Baumart: Buche
Alter: 300 Jahre
Höhe: 40 m Krone: 26 m
Umfang: 550 cm
Forstamt: Recklinghausen
Besonderheiten: ehem. Gerichtsbuche, sehr starker vollkroniger Stamm.
Standort: im Waldgebiet Löchterheide, 100 m von Ringstraße an Wegekreuzung nördl. Gelsenkirchen.

48 Linde in Vinnenberg

Baumart: Linde
Alter: 600–800 Jahre
Höhe: 19 m Krone: 12 m
Umfang: 690 cm
Forstamt: Warendorf
Besonderheiten: Sommerlinde mit hohlem, starkem Stamm, Starkäste gebrochen oder gesägt, interessante Baumgestalt
Standort: Kloster Vinnenberg bei Warendorf im Biergarten der Klosterschänke

49 Marienlinde in Telgte

Baumart: Linde
Alter: 600–700 Jahre
Höhe: 20 m Krone: 15 m
Umfang: 900 cm
Forstamt: Warendorf
Besonderheiten: starker wuchtiger Erdstamm, Krone ausgebrochen, 1988 saniert
Standort: inmitten der Stadt an der Wegkreuzung Münsterstraße (am nördlichen Stadttor von Telgte)

50 Wacholder in der Hohen Ward bei Rinkerode

Baumart: Wacholder
Alter: 80–100 Jahre
Höhe: 5 m Krone: 2 m
Umfang: 50 cm
Forstamt: Warendorf
Besonderheiten: wächst waagrecht über Vorflutgraben, nach 60 cm Gabelung in 4 Hauptstämme, die sich in 10 größere Säulen auflösen. Letztes lebendes Indiz für die ehem. Heidevegetation
Standort: ca. 500 m nordöstl. des

Hofes Everding in Rinkerode inmitten Feldflur an Vorfluter

Baumart: Eiche
Alter: 600 Jahre
Höhe: 23 m Krone: 30 m
Umfang: 600 cm
Forstamt: Warendorf
Besonderheiten: Stamm mit Hohlstellen. In 150 m Entfernung steht eine weitere alte Eiche mit geringeren Dimensionen.
Standort: südwestl. Enniger an dem Fluß Angel.

51 Eiche von Haus Neuengraben bei Enniger

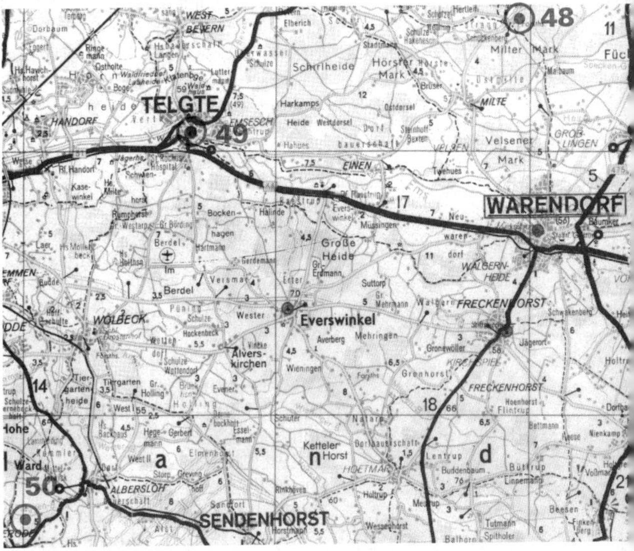

52 Birnbaum im Garten vor der Wibbeltkapelle bei Ahlen

Baumart: Birne
Alter: 100 Jahre
Höhe: 15 m Krone: 11 m
Umfang: 280 cm
Forstamt: Warendorf
Besonderheiten: ungewöhnlich starker Stamm mit hoch angesetzter steiler Krone, sehenswert die Birnbaumallee zum Hause – Länge 1,4 km, Abstand 7 m, vollständig geschlossen
Standort: ostwärts von Ahlen – Vorhelm, der Beschilderung Wibbeltkapelle folgend weitere ältere Bäume im Garten

53 Dicke Eiche im Paterholz bei Ahlen

Baumart: Eiche
Alter: 500 Jahre
Höhe: 27 m Krone: 30 m
Umfang: 680 cm
Forstamt: Warendorf
Besonderheiten: der starke Erdstamm löst sich in 2–4 m in kräftige Starkäste auf
Standort: nordostwärts von Ahlen auf B 58 bis zur Abzweigung nach Beckum, dann gegenüberliegend nach Norden 500 m am Paterholz – Waldgrenze

54 Dicke Eiche auf dem Hof Schulze Pellengahr bei Neubeckum

Baumart: Eiche
Alter: 400–500 Jahre
Höhe: 25 m Krone: 25 m
Umfang: 615 cm
Forstamt: Warendorf
Besonderheiten: mächtiger Baum mit Ästen ab 2 m, die ineinander-

greifen und stark geschwungen sind, Stieleiche
Standort: auf dem Hof des Besitzers

55 Die Stromberger Kastanien

Baumart: Kastanie
Alter: 150–200 Jahre
Höhe: 16 m Krone: 21/19 m
Umfang: 380/410 cm
Forstamt: Warendorf
Besonderheiten: frühere Gerichtsstätte, sehr interessante großräumige Burganlage, 2 Kastanien
Standort: auf dem hinteren Burgplatz in Stromberg und am Burgbrunnen

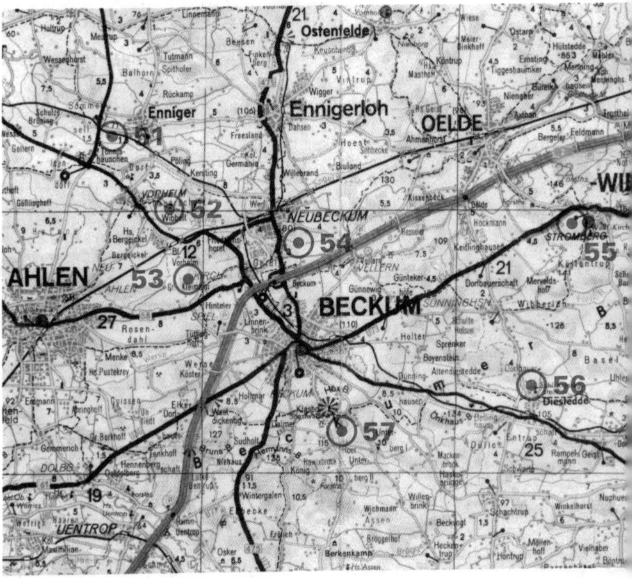

56 Femeeiche in Diestedde

Baumart: Eiche
Alter: 850 Jahre
Höhe: 21 m Krone: 20 m
Umfang: 720 cm
Forstamt: Warendorf
Besonderheiten: gleichalt mit dem Ort Diestedde, 1136 gegründet. Nur noch Restkrone, knorriges Stammstück mit Beulen.
Standort: Schloß Crassenstein

57 Eiche bei Beckum

Baumart: Eiche
Alter: 300–350 Jahre
Höhe: 23 m Krone: 32 m
Umfang: 450 cm
Forstamt: Warendorf
Besonderheiten: vor dem Baum steht ein Kreuz
Standort: südl. des Höxberges in der Nähe vom Hof Samson und Reiterhof Fröhlich.

58 Eiche bei Herrenstein

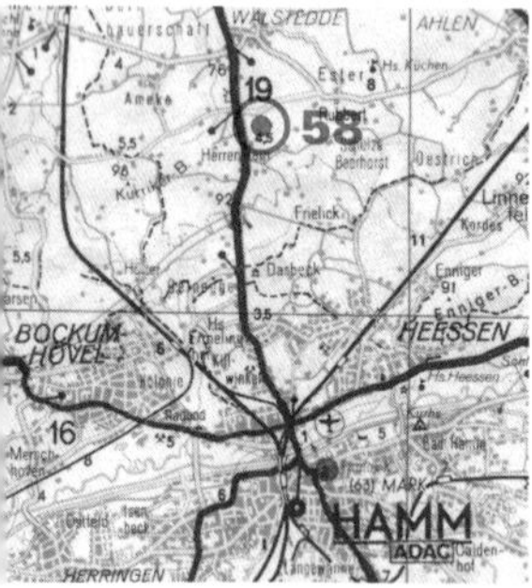

Baumart: Eiche
Alter: 300–400 Jahre
Höhe: 18 m Krone: 20 m
Umfang: 630 cm
Forstamt: Warendorf
Besonderheiten: zweigeteilter Stamm mit starker Krone
Standort: an der Bundesstraße 63 in Drensteinfurt–OT Herrenstein unmittelbar vor der Kreisgrenze.

Regierungsbezirk Düsseldorf

Kreis Kleve

59 Ilexbaum bei Elten

Baumart: Ilex
Alter: 300–500 Jahre
Höhe: 12 m Krone: 08 m
Umfang: 200 cm
Forstamt: Kleve
Besonderheiten: ungewöhnlicher baumförmiger Wuchs
Standort: in einer Weide unmittelbar an der A 3 ostwärts von Elten, ein Ortsteil von Emmerich, zu erreichen über Stokumerstraße und Rietbroek

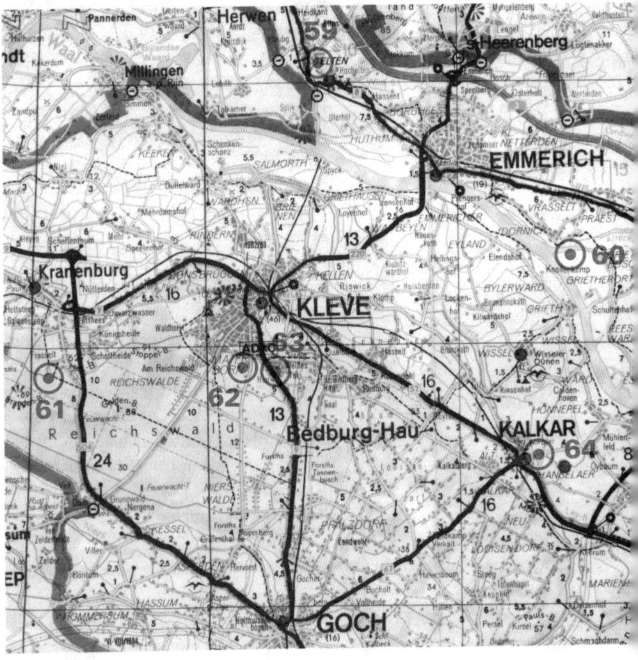

60 Kopfweide auf der Rheininsel Grietherort

Baumart: Weide
Alter: 80 Jahre
Höhe: 16 m Krone: 12 m
Umfang: 520 cm
Forstamt: Kleve
Besonderheiten: Typ einer Altweide
Standort: Stadt Rees, Rheininsel Grietherort, 200 m südwestl. des Pappelwäldchens, das gegenüber der Ortschaft Dornick liegt, zu erreichen über Grietherort, dann über Wirtschaftsweg durch Pappelallee

61 Kurfürsteneiche im Reichswald bei Kleve

Baumart: Eiche
Alter: 400–500 Jahre
Höhe: 29 m Krone: 26 m
Umfang: 470 cm
Forstamt: Kleve
Besonderheiten: inmitten eines Buchen/Eichen-Bestandes, der ca. 100 Jahre alt ist, steht ein alter Recke u.ragt mit seiner Krone weit über diesen hinaus.Neben seinem walzenförmigen Schaft wirken die jungen Bäume wie Streichhölzer, Traubeneiche
Standort: südwestl. von Kleve, im Reichswald, von Kleve auf der B 220 bis zum Ortseingang von Kranenburg, dann Richtung Frasselt in den Wald bis zum Parkplatz, dann auf Waldweg bis zur Eiche.

62 Die Gerichtslinde in Hau

Baumart: Linde
Alter: 610 Jahre
Höhe: 9 m Krone: 11 m
Umfang: 520 cm

Forstamt: Kleve
Besonderheiten: gepflanzt anläßlich des Baues der Kirche, die 1378 geweiht wurde, Gerichtsort. Alle Äste geköpft, viele junge Zweige.
Standort: vor der Kirche

63 Eßkastanien bei Kleve

Baumart: Kastanie
Alter: 200–300 Jahre
Höhe: 20 m Krone: 17 m
Umfang: 350/380/450 cm
Forstamt: Kleve
Besonderheiten: 3 Eßkastanien mit tief angesetzten Kronen und recht einheitlichem Habitus
Standort: an der Straße von Kleve nach Bedburg Hau kurz hinter dem Ortsende

64 Gerichtslinde in Kalkar

Baumart: Linde
Alter: 200–250 Jahre
Höhe: 14 m Krone: 11 m
Umfang: 280 cm
Forstamt: Kleve
Besonderheiten: den Marktplatz prägend, Krone ausgebrochen
Standort: auf dem Marktplatz

65 Eiche im Uedemerbruch bei Sonsbeck

Baumart: Eiche
Alter: 400 Jahre
Höhe: 22 m Krone: 23 m
Umfang: 580 cm
Forstamt: Xanten
Besonderheiten: sehr guter Stamm, symetrische Krone, Bilderbucheiche
Standort: am Ortsrand von Uedemerbruch Richtung Sonsbeck

66 Trüppeiche am Rundweg bei Weeze

Baumart: Eiche
Alter: 500 Jahre
Höhe: 30 m Krone: 20 m
Umfang: 600 cm
Forstamt: Xanten
Besonderheiten: Trüppeiche = Stieleiche, im Verhältnis zum Stamm recht kleine Krone, stark seitlich abweichende Wurzeln
Standort: abseits des Weges im Bestand in der Nähe der jungen Rotbuchenhecke mit Schild

67 Kreuzeiche und Altbuche am Rundweg in Weeze

Baumart: Eiche/Buche
Alter: 400/300 Jahre
Höhe: 28/22 m Krone: 30/20 m
Umfang: 480/460 cm
Forstamt: Kleve
Besonderheiten: Eiche mit großer symetrischer Krone, Buche – steiler Stamm
Standort: Rundweg beginnend mit alter Eiche im Osten von Weeze am Friedhof

68 Kastanie in Kervenheim

Baumart: Kastanie
Alter: 200 Jahre
Höhe: 26 m Krone: 25 m
Umfang: 440 cm
Forstamt: Xanten
Besonderheiten: sehr starke Krone
Standort: Burghof der Burganlage in Kervenheim, Privatgelände

69 Mammutbäume bei Achterhock

Baumart: Sequoia
Alter: 150 Jahre
Höhe: 25 m Krone: 18 m

Umfang: nicht meßbar
Forstamt: Xanten
Besonderheiten: gepflanzt vor einem ehem. Jagdschloß
Standort: vor der Dorfkirche in Kevelaer–Achterhock

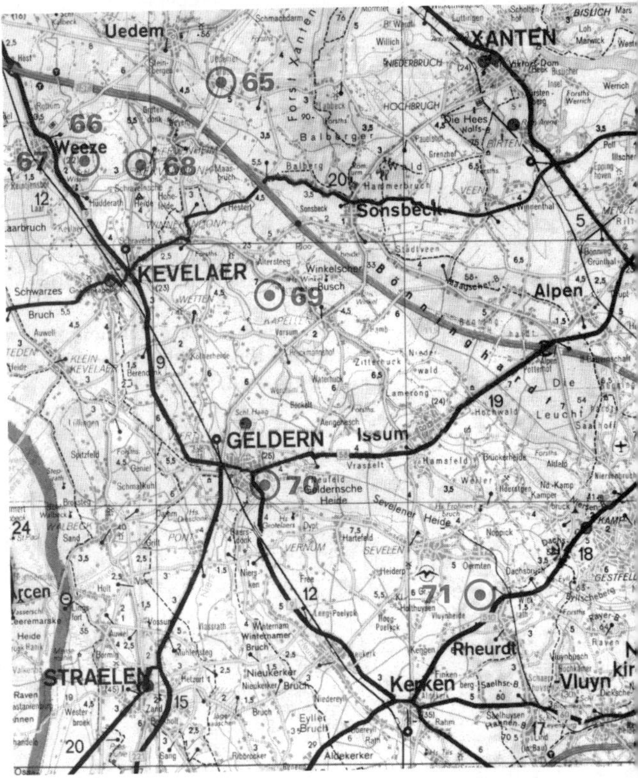

70 Hainbuche des Tennisklubs Geldern

Baumart: Buche
Alter: 150–200 Jahre
Höhe: 18 m Krone: 22 m
Umfang: 360 cm
Forstamt: Xanten
Besonderheiten: Liebling des Tennisklubs
Standort: Tennisplatz Geldern

71 Zwillingsbuche am Oermterberg bei Rheurdt

Baumart: Buche
Alter: 200 Jahre
Höhe: 32 m Krone: 30 m
Umfang: 460 cm
Forstamt: Xanten
Besonderheiten: tief angesetzter Zwiesel mit starker mächtiger Krone, mehrfach aufgeteilt, möglicherweise sind 2 Buchen zusammengewachsen.
Standort: im dem Erholungsgebiet Oermterberg nördl. von Rheurdt auf einem Waldplatz

72 Eibe vor dem Stammshof bei Dingden

Baumart: Eibe
Alter: 800 Jahre
Höhe: 12 m Krone: 20 m
Umfang: 390 cm
Forstamt: Wesel
Besonderheiten: ausgeprägter Solitärbaum mit eindrucksvollen Rindenprofilen, daneben stehen noch 3 weitere 100- bis 150jährige Eiben
Standort: östl. des Alter-Rheder-Weges vor dem Haus Stammshof-Knipping

73 Altbuche im Diersfordter Wald

Baumart: Buche
Alter: 300 Jahre
Höhe: 30 m Krone: 28 m
Umfang: 570 cm
Forstamt: Wesel
Besonderheiten: gewaltiger Baum, drehwüchsig, stark verzweigt wie ein Baldachin, Ausbruchschäden Sommer 1990, bestand ehemals aus 4 Hauptstämmen, einer ist ausgebrochen
Standort: am Westrand des Waldes, am Truppenübungsplatz

74 Linden bei Obrighoven

Baumart: Linde
Alter: 300 Jahre
Höhe: 35 m Krone: 32 m
Umfang: 437/412 cm
Forstamt: Wesel
Besonderheiten: 2 Winterlinden, die den angrenzenden Waldbestand überragen
Standort: Haus Inselhorst nördl. der Wurmflakstraße

75 Kopfeiche bei Schermbeck

Baumart: Eiche
Alter: 600 Jahre
Höhe: 14 m Krone: 14 m
Umfang: 620 cm
Forstamt: Wesel
Besonderheiten: kurzer Erdstamm, starke Krone in viele Äste aufgeteilt
Standort: Golfklubgelände Weseler Wald

76 Feldulme am Schloß Gartrop

Baumart: Ulme
Alter: 400 Jahre
Höhe: 35 m Krone: 30 m
Umfang: 565 cm
Forstamt: Wesel
Besonderheiten: weit ausladende Krone, Solitärulme, ehem. standen im Schloßbereich 3 Feldulmen, 1 Feldulme steht am Schloßwassergraben, ihre Wurzeln sind im Mauerwerk verwachsen.
Standort: südöstl. des Schloßparks Gartrop—Bühl an einer natürlichen Quelle.

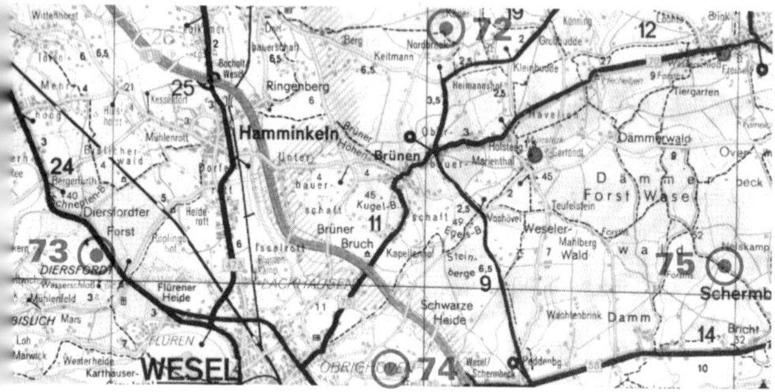

77 Stieleiche bei Gartrop-Bühl

Baumart: Eiche
Alter: 400 Jahre
Höhe: 32 m Krone: 25 m
Umfang: 490 cm
Forstamt: Wesel
Besonderheiten: vollbekronter Solitär
Standort: südl. der Dorstener Straße in einem Garten im Riedgarten

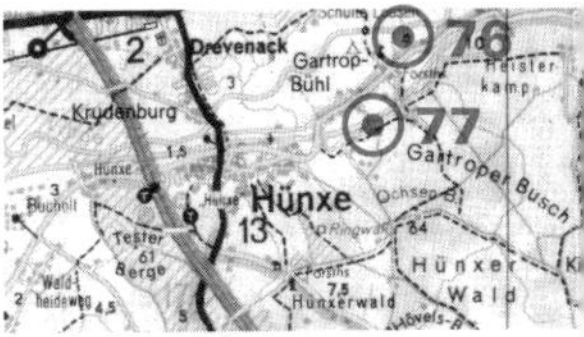

78 Schwarzpappel am Rheindeich bei Büderich

Baumart: Pappel
Alter: 200 Jahre
Höhe: 35 m Krone: 28 m
Umfang: 875 cm
Forstamt: Xanten
Besonderheiten: besonders starker, auffallender Baum
Standort: gegenüber dem Pavershof nördl. von Büderich am Teich

79 Geschwisterbuchen bei Xanten

Baumart: Buche
Alter: 300–400 Jahre
Höhe: 30/31 m Krone: 32/35 m
Umfang: 505/495 cm
Forstamt: Xanten
Besonderheiten: sehr starke urige Buchen mit mächtigen Kronen, vielleicht Geschwister? Beide Buchen stehen 25 m auseinander, starke Ausbruchschäden und Astentnahmen
Standort: Försterei Tüschenwald, Forstort Hees, Am Philosophenweg – Wanderweg vom Schrammshof (Straße Xanten – Sonsbeck)

80 Maikamerbuche bei Birten

Baumart: Buche
Alter: 200 Jahre
Höhe: 25 m Krone: 20 m
Umfang: 395 cm
Forstamt: Xanten
Besonderheiten: Alter Thingplatz, Baum löst sich in 6 m Höhe in eine stark verzweigte Krone auf, ausbruchgeschädigt und starker Pilzbefall.
Standort: Nähe Ullenbaumshof, 1 km südwestl. Birten auf einem Hügel mit zwei kleinen Findlingen

81 Alter Birnbaum in Kamp Lintfort

Baumart: Birne
Alter: 120 Jahre
Höhe: 20 m Krone: 16 m

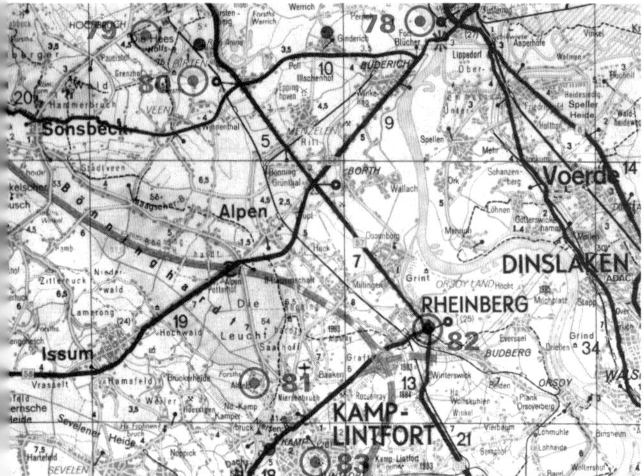

Umfang: 310 cm
Forstamt: Xanten
Besonderheiten: starker gut fruktifizierender Birnbaum
Standort: Eschweg—Altfeld

82 Eiche im Pulverturm von Rheinberg

Baumart: Eiche
Alter: 150 Jahre
Höhe: 20 m Krone: 19 m
Umfang: 320 cm
Forstamt: Xanten
Besonderheiten: gekeimt auf dem Schutt des 1636 zerstörten Turmes, starke Stammschäden
Standort: nordostwärts von Rheinberg „An der Schanz“

83 Mammutbaum in Kamp—Lintfort

Baumart: Sequoia
Alter: 150 Jahre
Höhe: 30 m Krone: 11 m
Umfang: 380 cm
Forstamt: Xanten
Besonderheiten: sehr wüchsiger Baum im Siedlungsgebiet
Standort: Kamp—Lintfort Rundstraße — Ecke Gestfeldstraße

84 Buche in Schwafheim

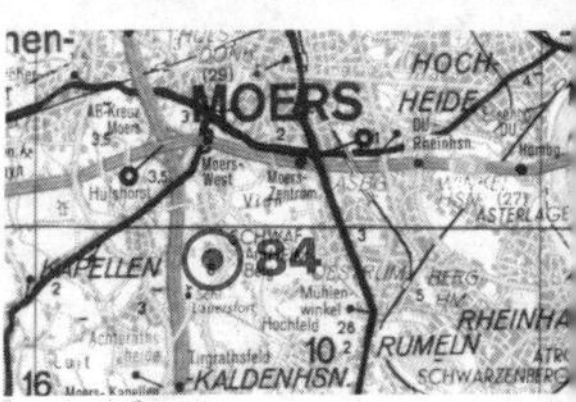

Baumart: Buche
Alter: 300—400 Jahre
Höhe: 24 m Krone: 22 m
Umfang: 770 cm
Forstamt: Xanten
Besonderheiten: Kopfbaum mit weitausladenden Krakarmen
Standort: in Moers OT Schwafheim gegenüber Heideweg 98

85 Tausendjährige Linde am Kastell Holten

Baumart: Linde
Alter: über 600 Jahre
Höhe: 8 m Krone: 15 m
Umfang: 395 cm
Forstamt: Wesel
Besonderheiten: möglicher Stockausschlag aus einer alten Gerichtslinde – Winterlinde
Standort: in der Grünanlage am Kastell Holten neben dem Kriegerdenkmal

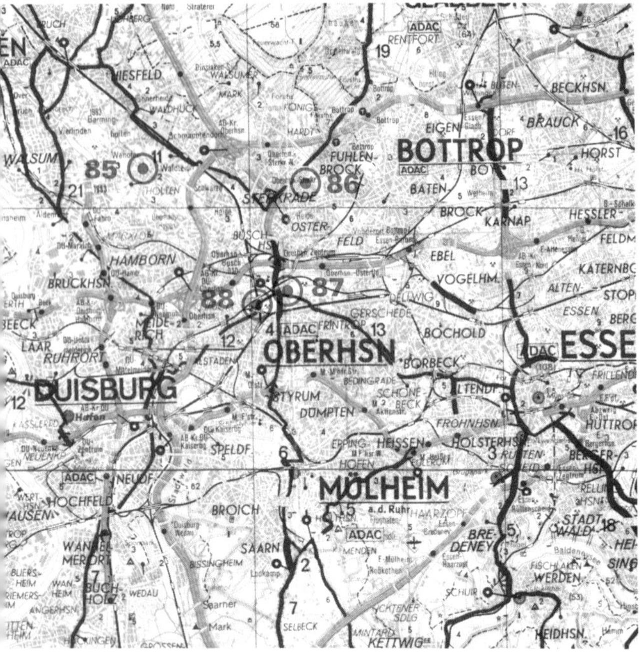

86 Eßkastanie in Sterkrade

Baumart: Eßkastanie
Alter: 150–180 Jahre
Höhe: 15 m Krone: 15 m
Umfang: 402 cm
Forstamt: Wesel
Besonderheiten: mächtiger Baum, Stamm löst sich in 2 Hauptaxen in 4 m Höhe auf, breit ausladende Krone
Standort: Sterkrade–Nord, Hühnerbergstraße auf Grundstück 255a – privat –

87 Platane bei Schloß Oberhausen

Baumart: Platane
Alter: 150 Jahre
Höhe: 30 m Krone: 20 m
Umfang: 465 cm
Forstamt: Wesel
Besonderheiten: mächtige herausragende Platane, in der Umgebung weitere Platanen vorhanden
Standort: 120 m südöstl. Schloß Oberhausen

88 Hainbuche im Kaisergarten von Oberhausen

Baumart: Hainbuche
Alter: 200 Jahre
Höhe: 15 m Krone: 12 m
Umfang: 230 cm
Forstamt: Wesel
Besonderheiten: außergewöhnlich mächtige Hainbuche
Standort: 70 m südl. Schloß Oberhausen

89 Mammutbaum in Bruckhausen

Baumart: Sequoia
Alter: 200 Jahre
Höhe: 32 m Krone: 8 m
Umfang: 380 cm
Forstamt: Mönchengladbach
Besonderheiten: starker Solitär
Standort: im Park am Haus Bruckhausen Gemarkung Traar

90 Eibe an der Wasserburg Haus Rath in Elfrath

Baumart: Eibe
Alter: 850 Jahre
Höhe: 7 m Krone: 6 m
Umfang: 430 cm
Forstamt: Mönchengladbach
Besonderheiten: voll bekronter Solitär, Stamm ausgehöhlt, Baum chirurgisch behandelt. Soll aus der Gründungsphase der Burg – 12. Jahrhundert – stammen. Am Burggraben jüngere Eibenreihe und einige Altbäume.
Standort: im Burggarten.

91 Silberlinde und Altbuchen in Uerdingen

Baumart: Linde
Alter: 250–300 Jahre
Höhe: 30 m Krone: 18 m
Umfang: 460 cm
Forstamt: Mönchengladbach
Besonderheiten: Stamm beulig u. rissig, teilt sich in mehrere Hauptstämme auf, Krone fein verzweigt. Mehrere Altbuchen z.T. gepfropft, Ahorne u. sonstige Laubhölzer stehen in dem Waldstück
Standort: Silberlinde auf Parkplatz vor SC Aegir Club an der Duisburger Straße 383.

92 Alte Eiche in Krefeld

Baumart: Eiche
Alter: 600 Jahre
Höhe: 30 m Krone: 25 m
Umfang: 650 cm
Forstamt: Mönchengladbach
Besonderheiten: Überrest eines Parkes des früheren Husarenkasinos
Standort: Westparkstraße 89

93 Federbuche im Schönwasserpark in Krefeld

Baumart: Buche
Alter: 200–250 Jahre
Höhe: 30 m Krone: 19 m
Umfang: 460 cm
Forstamt: Mönchengladbach
Besonderheiten: der starke Stamm löst sich in 3 m Höhe in mächtige Krone auf, gefiederte Blätter.
Standort: im Schönwasserpark zwischen Teich und Haus Schönwasser im Platanengarten. Im Park weitere bemerkenswerte Altbäume.

94 Blutbuche an der Burg Linn

Baumart: Buche
Alter: 220–260 Jahre
Höhe: 28 m Krone: 25 m
Umfang: 750 cm
Forstamt: Mönchengladbach
Besonderheiten: Starker Stamm mit mächtiger Krone.
Standort: vor der Burg Linn, ein Ortsteil von Krefeld

Stadt Duisburg

95 Ginkgo in Binsheim

Baumart: Ginkgo
Alter: 140 Jahre
Höhe: 25 m Krone: 10 m
Umfang: 300 cm
Forstamt: Xanten
Besonderheiten: gewaltiger Baum
Standort: in Baerl an der Orsoyerstraße vor dem Haus Nr. 17

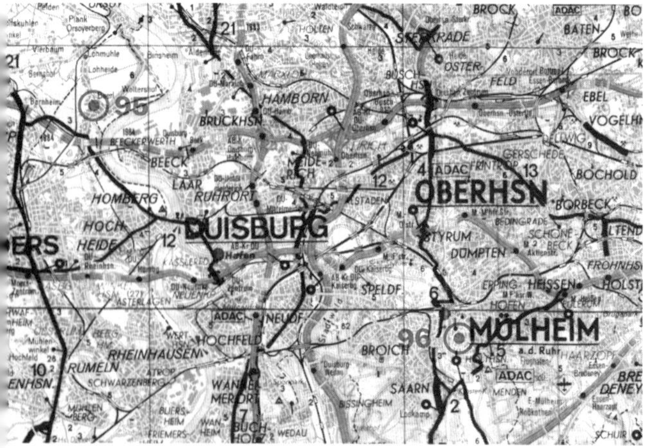

Stadt Mülheim

96 Mispelbaum in Mülheim

Baumart: Mispel
Alter: 100 Jahre
Höhe: 6 m Krone: 6 m
Umfang: 107 cm
Forstamt: Wesel
Besonderheiten: Baumseltenheit
Standort: in der Obertalstraße 21

97 Bergahorn Isingpark in Essen-Leithe

Baumart: Ahorn
Alter: 250 Jahre
Höhe: 20 m Krone: 25 m
Umfang: 560 cm
Forstamt: Wesel
Besonderheiten: starker Solitärbaum
Standort: Isingpark, Meistersinger Straße, am Teich im Talgrund

98 Zwillingsbuchen in Freisenbruch

Baumart: Buche
Alter: 300–350 Jahre
Höhe: 35 m Krone: 24/25 m
Umfang: 400/370 cm
Forstamt: Wesel
Besonderheiten: Zwillinge
Standort: Essen – Freisenbruch – Eibergweg 11

99 Blutbuche in Burgaltendorf

Baumart: Buche
Alter: 200 Jahre
Höhe: 17 m Krone: 17 m
Umfang: 490 cm
Forstamt: Wesel
Besonderheiten: Der Baum ist so hoch wie breit
Standort: Essen–Burgaltendorf, Holteyerstraße – Burgstraße

100 Lüstner Eiche in Rellinghausen

Baumart: Eiche
Alter: 400–500 Jahre
Höhe: 18 m Krone: 18 m
Umfang: 520 cm
Forstamt: Wesel
Besonderheiten: kurzer Stamm, starke Äste.
Standort: Viereichenhöhe, nahe dem Schloß Schellenberg

101 Fiederblättrige Rotbuche in Essen Fulerum

Baumart: Buche
Alter: 100–120 Jahre
Höhe: 19 m Krone: 19 m
Umfang: 200 cm
Forstamt: Wesel
Besonderheiten: geschlitzte Blätter
Standort: im Nachtigallental am Halbachhammer

102 Eichen in Kettwig

Baumart: Eiche
Alter: 500 Jahre
Höhe: 29 m Krone: 20/25 m
Umfang: 490/590 cm
Forstamt: Wesel
Besonderheiten: Vielzwiesler, kurzer Stamm, starkastig
Standort: Laupendahler Landstraße

Kreis Mettmann

103 Speckbirnenbaum in Isenbügel

Baumart: Birne
Alter: 300 Jahre
Höhe: 25 m Krone: 11 m
Umfang: 270 cm
Forstamt: Mettmann
Besonderheiten: Neben dem Birnbaum eine starke Eßkastanie
Standort: Müllerweg 10

104 Linde bei Tönisheide

Baumart: Linde
Alter: 300 Jahre
Höhe: 27 m Krone: 24 m
Umfang: 460 cm
Forstamt: Mettmann
Besonderheiten: starker Baum
Standort: am Südosthang von Tönisheide am Reigerweg

105 Die Lieveneiche im Hildener Stadtwald

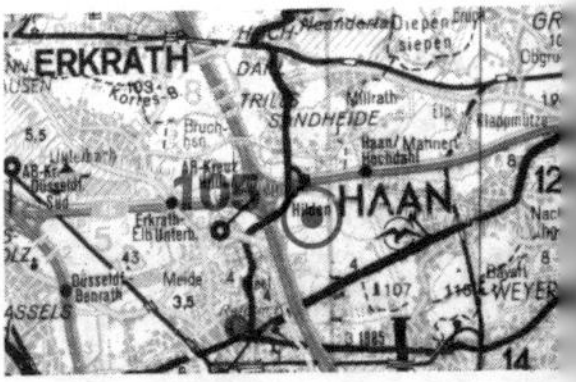

Baumart: Eiche
Alter: 210 Jahre
Höhe: 20 m Krone: 13 m
Umfang: 340 cm
Forstamt: Mettmann
Besonderheiten: historisch mit Ferdinand Wilh. Lieven, Ehrenbürger und Spender des Stadtwaldes
Standort: 300 m hinter dem Forsthaus nahe der A46, nordostwärts von Hilden

106 Die Baumberger Linde

Baumart: Linde
Alter: 200 Jahre
Höhe: 25 m Krone: 24 m
Umfang: 395 cm
Forstamt: Mettmann
Besonderheiten:
Standort: Monheim – Baumberg

107 Thingkastanie in Düsseldorf Unterrath

Baumart: Kastanie
Alter: 150 Jahre
Höhe: 14 m Krone: 14 m
Umfang: 315 cm
Forstamt: Mettmann
Besonderheiten: ehem. Thingplatz und Königshof von Karl dem Großen, der Baum ist abgängig, die Wurzeln sind beschädigt.
Standort: Autobahn A 52 Richtung Düsseldorf, Abfahrt Düsseldorf–Rath–Unterrath, Richtung Unterrath, erste Ampel links in dem Lichtenbreucherweg zur Kürtenstraße rechts abbiegen, 200 m links steht der Baum

108 Eiche auf Gut Bruchhausen in Hubbelrath

Baumart: Eiche
Alter: 310 Jahre
Höhe: 25 m Krone: 18 m
Umfang: 410 cm
Forstamt: Mettmann
Besonderheiten: gepflanzt im Jahre 1679, als Johann Wilhelm von der Pfalz–Neuburg – Jan Wellem seine Regentschaft antrat.
Standort: auf dem Gut Bruchhausen 100 m vom Gutshaus entfernt

109 Buche in Viersen

Baumart: Buche
Alter: 300 Jahre
Höhe: 23 m Krone: 22 m
Umfang: 470 cm
Forstamt: Mönchengladbach
Besonderheiten: Lager von Napoleon
Standort: Düsseldorferstr. 25, Viersen

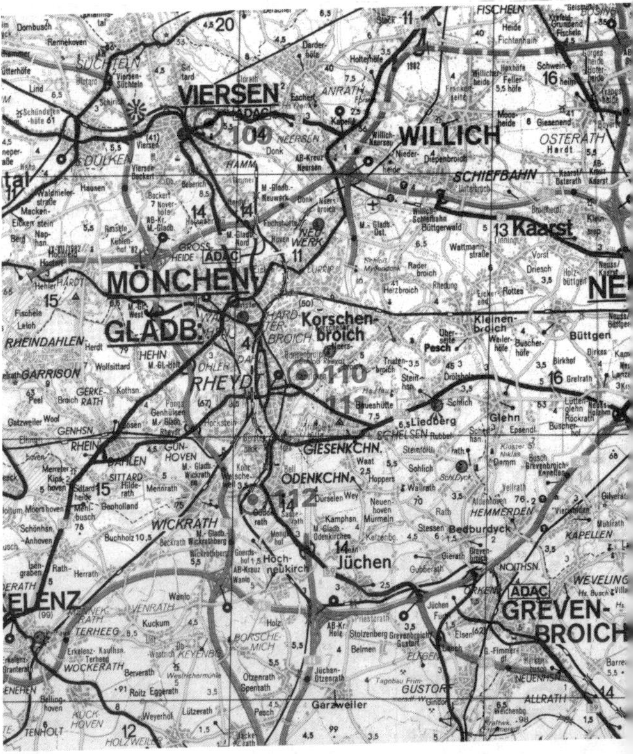

110 Eibe in Mönchengladbach

Baumart: Eibe
Alter: 500 Jahre
Höhe: 17 m Krone: 12 m
Umfang: 380 cm
Forstamt: Mönchengladbach
Besonderheiten: auffallend starke Krone und Stamm, steht vor kleiner Kapelle
Standort: an der Neusser Straße 400 m vor der Niers bei Haus 529

111 Große Blutbuche im Volksgarten von Mönchengladbach

Baumart: Buche
Alter: 250 Jahre
Höhe: 34 m Krone: 26 m
Umfang: 450 cm
Forstamt: Mönchengladbach
Besonderheiten: mächtiger Baum mit starken Elefantenfüßen, weitere sehenswerte Altbäume im Park
Standort: auf der Wiese des Spielplatzes im Volksgarten

112 Linde in Odenkirchen

Baumart: Linde
Alter: 600 – 700 Jahre
Höhe: 25 m Krone: 18 m
Umfang: 500 cm
Forstamt: Mönchengladbach
Besonderheiten: Baum bildet mit der Kirche ein gutes Ensemble. Stamm hohl, beulig, viele junge Äste, zu stark beschnitten
Standort: an der Kirche St. Laurentius

113 Struckslinde bei Neuss

Baumart: Linde
Alter: 200 Jahre
Höhe: 15 m Krone: 15 m
Umfang: 210 cm
Forstamt: Mönchengladbach
Besonderheiten: charakteristische Wuchsform einer frei erwachsenen Linde
Standort: Am Bommershöfer Weg nordwestl. von Neuss

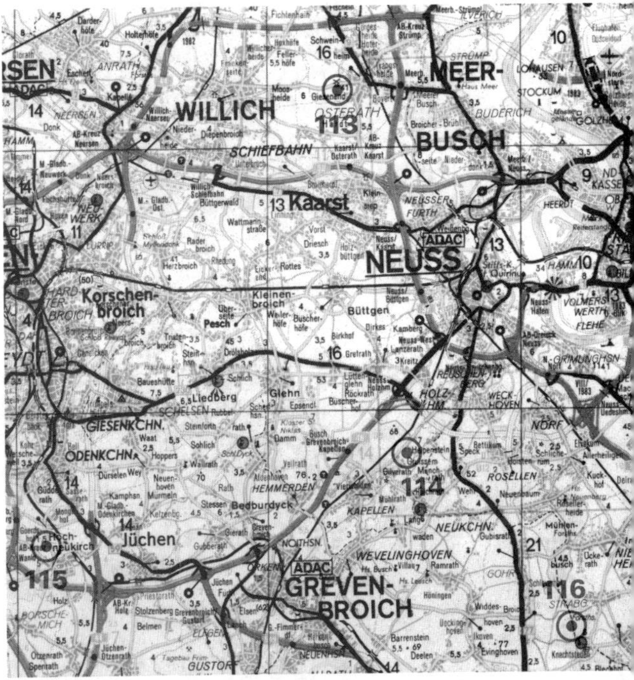

114 Uralte Linde in Gruissem

Baumart: Linde
Alter: 500 Jahre u. mehr
Höhe: 20 m Krone: 15 m
Umfang: 330 cm
Forstamt: Mönchengladbach
Besonderheiten: Stamm hohl, saniert, viele Stammausschläge aus alter Wurzel
Standort: in Gruissem bei Grevenbroich vor Haus Nr. 45

115 Die prächtige Linde in Hochneukirch

Baumart: Linde
Alter: 300 Jahre
Höhe: 32 m Krone: 20 m
Umfang: 500 cm
Forstamt: Mönchengladbach
Besonderheiten: deckt den kleinen Friedhof fast völlig ab. Geriefter Erdstamm, in 4 m Höhe vieltriebig gegabelt, Äste bilden Baldachin
Standort: Friedhof an der Odenkirchenerstraße Richtung Mönchengladbach

116 Der Buchendom bei Kloster Knechtsteden

Baumart: Buche
Alter: 300 Jahre
Höhe: 30–35 m Krone: 15–25 m
Umfang: 380–480 cm
Forstamt: Ville
Besonderheiten: 13 Buchen sind so miteinander verbunden, daß sie einen Dom bilden, der im Laub besonders ansprechend ist
Standort: 600 m nördl. des Klosters Knechtsteden. Am Kreuz vor Waldweg nach Norden 600 m, an Wegespinne 100 m nach Nordwest.

117 Galgeneiche auf der Hardt in Elberfeld

Baumart: Eiche
Alter: 200–300 Jahre
Höhe: 10 m Krone: 10 m
Umfang: 220 cm
Forstamt: Mettmann
Besonderheiten: Stieleiche, Symbol einer Galgeneiche
Standort: Botanischer Garten oberhalb der Freilichtbühne

118 Tulpenbaum im Botanischen Garten in Wuppertal–Elberfeld

Baumart: Liviodendron
Alter: 150 Jahre
Höhe: 17 m Krone: 20 m
Umfang: 280 cm
Forstamt: Mettmann
Besonderheiten: gutwüchsiger Exote
Standort: Botanischer Garten ca. 100 m südlich vom Hauptgebäude

119 Mehrstammbuche am Freudenberg bei Wuppertal-Elberfeld

Baumart: Buche
Alter: 250 Jahre
Höhe: 23 m Krone: 25 m
Umfang: 460 cm
Forstamt: Mettmann
Besonderheiten: in 3 m Höhe in 5 Hauptstämme aufgeteilt
Standort: vom Eingang zum Sportplatz an der Straße „Am Freudenberg“ 50 Schritte entfernt

120 Eiche in Beyenburg

Baumart: Eiche
Alter: 450 Jahre
Höhe: 23 m Krone: 23 m
Umfang: 415 cm
Forstamt: Mettmann
Besonderheiten: 5 starke Äste in 6 m Höhe, breite Krone
Standort: in Wuppertal–Beyenburg auf dem Siepenplatz

121 Kirsche Niedersondern

Baumart: Kirsche
Alter: 120 Jahre
Höhe: 17 m Krone: 20 m
Umfang: 280 cm
Forstamt: Mettmann
Besonderheiten: voll bekronter, gutwüchsiger Baum
Standort: Wuppertal–Beyenburg, L 411, Abzweigung Niedersondern nach ca. 200 m

122 Zwei Sommerlinden Hof Obersondern in Beyenburg

Baumart: Linde
Alter: 400 Jahre
Höhe: 14/22 m Krone: 15/16 m
Umfang: 480/440 cm
Forstamt: Mettmann
Besonderheiten: Stämme hohl, tief angesetzte Äste
Standort: Wuppertal–Beyenburg – L 411 – Abzweigung Hof Obersondern, Anlagenmitte

32 Femeeiche in Erle

27 Linde in Ahaus

41 Napoleonsbuche bei Dorsten

167 Verschlungenes Liebespaar bei Bad Honnef

217 Tausendjährige Eiche von Borlinghausen

26 Dicke Linde bei Wüllen

28 Linde in Asbeck

2 Hofeichen im Münsterland

225 Kloster Dahlheim, Eiche im Apelbaumgrund

133 Grenzbuche Aachener Landgraben

206 Wittekind-Linde Elbrinxen

173 Schnacke Eiche im Kottenforst bei Bonn

132 Forster Linde

10 Bäume im Bango in Steinfurt

122 Zwei Sommerlinden
Hof Obersondern in Beyenburg

61 Kurfürsteneiche Kleve

123 Blutbuche im Klosterhof Gräfrath

Baumart: Buche
Alter: 200–250 Jahre
Höhe: 30 m Krone: 24 m
Umfang: 420 cm
Forstamt: Mettmann
Besonderheiten: starker, auffallend vollkroniger Baum
Standort: im Hof des Klosters Gräfrath

124 Eßkastanie in Solingen

Baumart: Eßkastanie
Alter: 200 Jahre
Höhe: 25 m Krone: 20 m
Umfang: 550 cm
Forstamt: Mettmann
Besonderheiten: sehr starker Baum
Standort: auf dem Hof von Alfred Paaß, am Fußweg von Gillich zur Leichlinger Straße

125 Linde bei Schloß Burg

Baumart: Linde
Alter: 180 Jahre
Höhe: 16 m Krone: 18 m
Umfang: 300 cm
Forstamt: Mettmann
Besonderheiten: Krone besonders von starken Ästen geprägt
Standort: unterhalb der Burg bei Bergstation im Garten des Jesuitenhauses

126 Hainbuche im Hammertal bei Ehringhausen

Baumart: Hainbuche
Alter: 200–300 Jahre
Höhe: 18 m Krone: 17 m
Umfang: 410 cm
Forstamt: Mettmann
Besonderheiten: mehrstämmig, Tiefzwiesel
Standort: im Hammertal am historischen Industriepfad neben Ehlishammer, Gkg. Remscheid Ehringhausen

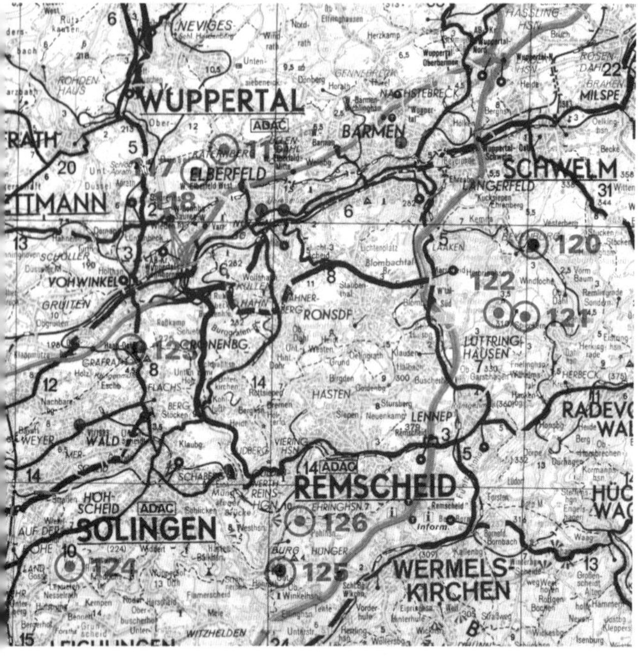

Regierungsbezirk Köln

Kreis Heinsberg

127 Eiche in Wegberg

Baumart: Eiche
Alter: 150–200 Jahre
Höhe: 20 m Krone: 12 m
Umfang: 350 cm
Forstamt: Mönchengladbach
Besonderheiten: Wahrzeichen des Ortes
Standort: im Stadtteil Klinkum am Brockersweg

128 Roßkastanie in Petersholz

Baumart: Kastanie
Alter: 200–250 Jahre
Höhe: 25 m Krone: 18 m
Umfang: 430 cm
Forstamt: Mönchengladbach
Besonderheiten: auffallend starker Baum
Standort: am Dachsenberg

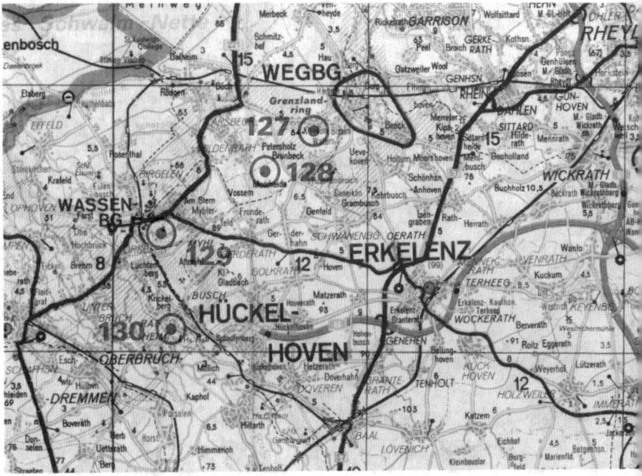

129 Mammutbaum in Wasserberg

Baumart: Sequoia
Alter: 150 Jahre
Höhe: 25 m Krone: 8 m
Umfang: 560 cm
Forstamt: Mönchengladbach
Besonderheiten: auffallend schöner Baum
Standort: Küsters Garten hinter der Probsteikirche St. Georg

130 Eßkastanie in Hückelhoven

Baumart: Eßkastanie
Alter: 200–250 Jahre
Höhe: 25 m Krone: 18 m
Umfang: 510 cm
Forstamt: Mönchengladbach
Besonderheiten: besonders interessanter freistehender Baum im innerstädtischen Bereich
Standort: auf einer Grünfläche westlich der Dr. Rubenstraße im Zentrum von Hückelhoven

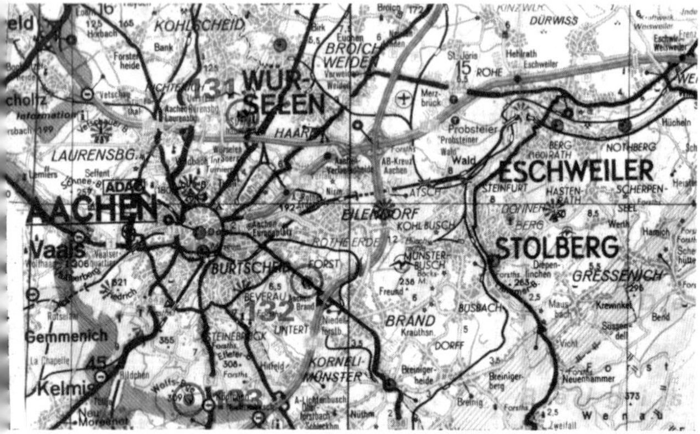

131 Kaisereiche bei Aachen

Baumart: Eiche
Alter: 300–400 Jahre
Höhe: 21 m Krone: 10 m
Umfang: 390 cm
Forstamt: Monschau
Besonderheiten: 1818 beim Aachener Monarchenkogreß bewunderte Zar Alexander I. den Baum
Standort: im Park von Gut Nelessen an der B 57 – 100 m vor der Auffahrt Würselen der A 4

132 Forster Linde

Baumart: Linde
Alter: 800 Jahre
Höhe: 23 m Krone: 23 m
Umfang: 1000 cm
Forstamt: Monschau
Besonderheiten: der Stamm teilt sich in 2 m Höhe in 5 Arme auf, weit ausladend, ausgemauert, Winterlinde. Gerichtsbaum, nachgewiesen durch Fürst Pückler–Muskau
Standort: Aachen, Stadtteil Forst vor der Kirche.

133 Grenzbuchen auf dem Aachener Landgraben

Baumart: Buche
Alter: 350 Jahre Krone:
Höhe: 25–30 m 10–20 m
Umfang: 200–300 cm
Forstamt: Monschau
Besonderheiten: altes einreihiges Gebück, jahrhundertelang geköpft als Brennholz, Pflanzung 1- bis 2-reihig, erste Pflanzung nach 1611.
Standort: Nähe der Zyklopensteine, 500 m neben B 57, Grenzübergang Köpfchen.

134 Platane in Herzogenrath

Baumart: Platane
Alter: 300 Jahre
Höhe: 20 m Krone: 12 m
Umfang: 410 cm
Forstamt: Monschau
Besonderheiten: starke, voll belaubte Krone
Standort: im Zentrum nahe der Erkensmühle

135 Schwedische Hängefichten bei Zweifall

Baumart: Fichte
Alter: 140 Jahre
Höhe: 30 m Krone: 8 m
Umfang: 240 cm
Forstamt: Hürtgenwald
Besonderheiten: wegen ihrer ausladenden Formen im Volksmund als „Lagerfichten" bekannt
Standort: am Waldlehrpfad Zweifall im Deutsch–Belgischen Naturpark am Parkplatz Gieschbach

136 Eiche bei Kirchhardt

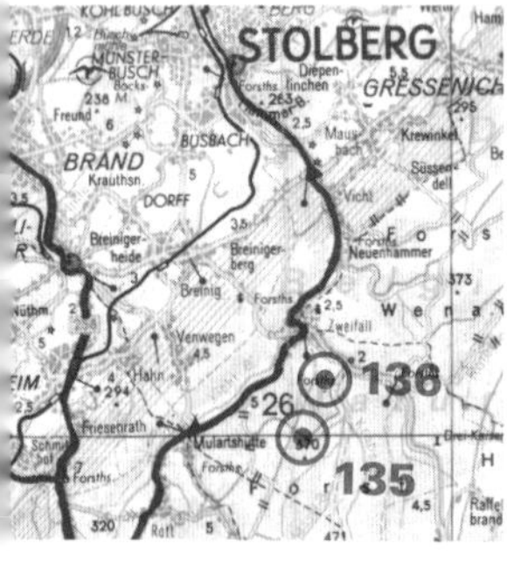

Baumart: Eiche
Alter: 370 Jahre
Höhe: 31 m Krone: 20 m
Umfang: 450 cm
Forstamt: Hürtgenwald
Besonderheiten: Einzelbaum mit starker Verastung, Krebsgewächs am unteren Stamm, Überhälter im Buchenbestand
Standort: am Waldlehrpfad Zweifall im Deutsch–Belgischen Naturpark am Südostrand (Parkplatz)

137 Buchenbaum von Kalterherberg

Baumart: Buche
Alter: 200–300 Jahre
Höhe: 26 m Krone: 15 m
Umfang: 420 cm
Forstamt: Monschau
Besonderheiten: starker Stamm mit hoch angesetzter wild verzweigter Krone
Standort: mitten im Dorf, Malmedierstraße 19, 5108 Monschau–Kalterherberg

138 Esche im Rahmenberg in Monschau

Baumart: Esche
Alter: 200 Jahre
Höhe: 28 m Krone: 18 m
Umfang: 320 cm
Forstamt: Monschau
Besonderheiten: Solitär auf der Terrasse zur Trocknung der Tuche, historischer Rahmenberg
Standort: am sog. Langenpfad, Verbindung zwischen der früheren Mutterkirche des Monschauer Landes in Konzen und der Altstadt Monschau

139 Buche in Höfen

Baumart: Buche
Alter: 200 Jahre
Höhe: 15 m Krone: 12 m
Umfang: 360 cm
Forstamt: Monschau
Besonderheiten: kurzer starker gedrungener Erdstamm, bouquettförmige reich verzweigte Krone
Standort: Monschau B 258 in Richtung Rohren auf der rechten Seite

140 „Decke Boom“, Marieneiche in Stockheim

Baumart: Eiche
Alter: 500 Jahre u. älter
Höhe: 22 m Krone: 23 m
Umfang: 475 cm
Forstamt: Hürtgenwald
Besonderheiten: kurzer Stamm mit starker Verastung – Marienbildstock
Standort: 50 m hinter dem südl. Ende der Marienstraße

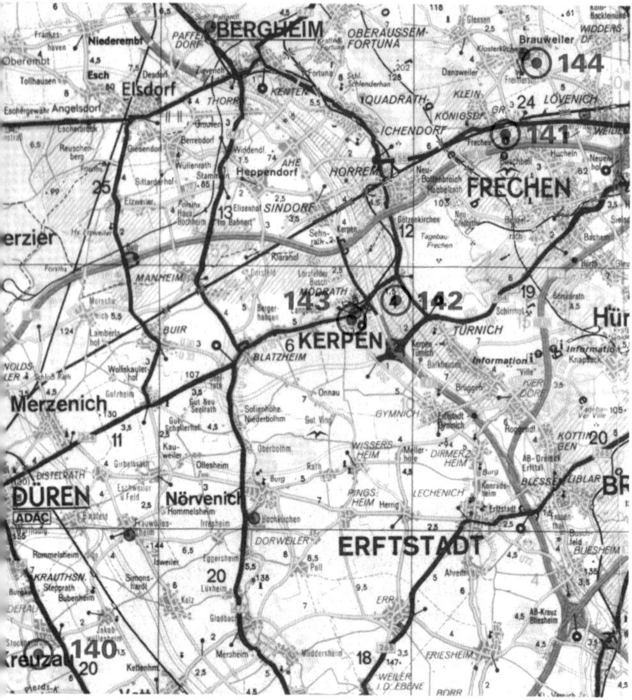

141 Eiche in Königsdorf

Baumart: Eiche
Alter: 800 Jahre
Höhe: 19 m Krone: 12 m
Umfang: 395 cm
Forstamt: Ville
Besonderheiten: hohl, saniert, tw. Krone ausgebrochen
Standort: Augustinerstraße am Haus Nr. 33

142 Eiche im Bruchwald bei Kerpen

Baumart: Eiche
Alter: 400–500 Jahre
Höhe: 25 m Krone: 26 m
Umfang: 465 cm
Forstamt: Ville
Besonderheiten: starke Eiche im Auewald des Naturschutzgebietes Kerpener Bruch, unter deren Wurzeln seinerzeit eine Quelle entsprang
Standort: Naturschutzgebiet Kerpener Bruch ostwärts des Forsthauses Breuchmühle

143 Hüter der Ahnengräber in Kerpen

Baumart: Robinie
Alter: 200 Jahre
Höhe: 17 m Krone: 18 m
Umfang: 440 cm
Forstamt: Ville
Besonderheiten: ein starkes Exemplar der Gattung Robinie, grobrindiger Stamm, starke Krone
Standort: Friedhof bei der Kerpener Kirche

144 Maulbeerbaum in der Benediktiner abtei St. Nikolaus in Brauweiler

Baumart: Maulbeerbaum
Alter: 1000 Jahre
Höhe: 2–3 m Krone: 10 m
Umfang: nicht meßbar
Forstamt: Ville
Besonderheiten: interessante Historie, soll aus der Zeit Otto I. stammen, mehrfach zusammengebrochen u. immer wieder ausgeschlagen. Kriechende, astähnliche Wurzelausschläge etwa 200 bis 300 Jahre alt.
Standort: im Park hinter der Benediktinerabtei.

145 Eiche in Köln Dünnwald

Baumart: Eiche
Alter: 400–500 Jahre
Höhe: 18 m Krone: 17 m
Umfang: 510 cm
Forstamt: Stadt Köln
Besonderheiten: Erdstamm in 8 m Länge aufgeteilt in gesunde Äste, starker Wurzelanlauf
Standort: in Köln Dünnwald „Auf der Aue“ vor dem Haus Nr. 4

146 Blutbuche im Schloßpark von Köln-Stammheim

Baumart: Buche
Alter: 200–250 Jahre
Höhe: 30 m Krone: 30 m
Umfang: 500 cm
Forstamt: Köln
Besonderheiten: starke Wurzelanläufe lassen Bündelpflanzung vermuten
Standort: im Schloßpark

147 Hoflinde am Spiegelhof bei Dürscheid

Baumart: Linde
Alter: 180 Jahre
Höhe: 35 m Krone: 30 m
Umfang: 500 cm
Forstamt: Königsforst
Besonderheiten: starke vollkronige Winterlinde
Standort: Stadt Burscheid, Stadtteil Dürscheid im Südwesten

148 Alte Linde in Eikamp

Baumart: Linde
Alter: 370 Jahre
Höhe: 25 m Krone: 20 m
Umfang: 400 cm
Forstamt: Königsforst
Besonderheiten: Winterlinde, saniert
Standort: Odenthal—Eikamp Zur alten Linde 1

149 Dicke Eiche bei Bernsau

Baumart: Eiche
Alter: 250 Jahre
Höhe: 35 m Krone: 30 m
Umfang: 450 cm
Forstamt: Königsforst
Besonderheiten: 2 Eichen in unmittelbarer Nähe an der Agger
Standort: zwischen A 4 und B 55 nordöstl. von Overath an der Agger bei Bernsau im Feld

150 Kastanie in Geilensiepen

Baumart: Kastanie
Alter: 120 Jahre
Höhe: 25 m Krone: 25 m
Umfang: 450 cm
Forstamt: Wipperfürth
Besonderheiten: voll belaubte, dichte Kugelform
Standort: Radevormwald, OT Geilensiepen, Solitär auf Weide

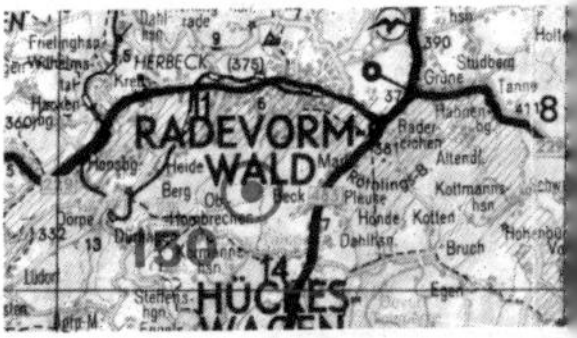

151 Dicke Linde in Marienheide

Baumart: Linde
Alter: 400–500 Jahre
Höhe: 14 m Krone: 17 m
Umfang: 540 cm
Forstamt: Wipperfürth
Besonderheiten: starker Erdstamm, der sich in 5 m Höhe in mehrere Hauptäste aufteilt, darunter Fußfall aus Ende des 17. Jahrhunderts, Stamm hohl
Standort: Ortsausgang Marienheide, Scharderstraße am Wegkreuz

152 Die Rodter Linde

Baumart: Linde
Alter: 450 Jahre
Höhe: 25 m Krone: 18 m
Umfang: 600 cm
Forstamt: Wipperfürth
Besonderheiten: vormals auf den Stock gesetzt, durchgewachsene Leitäste bilden typische Kronenform
Standort: südwestl. von Rodt auf der Gemarkungsgrenze nach Wallefeld an einer Wegekreuzung

153 Linde auf dem Wiedenhof bei Reichshof

Baumart: Linde
Alter: 800 Jahre
Höhe: 18 m Krone: 14 m
Umfang: 780 cm
Forstamt: Waldbröl
Besonderheiten: mächtiger Baum, leidet unter unsachgemäßer Sanierung
Standort: am südl. Ortseingang von Wiedehof

154 Eiche in der Wiehltalaue bei Heckelsiefen

Baumart: Eiche
Alter: 250 Jahre
Höhe: 28 m Krone: 20 m
Umfang: 320 cm
Forstamt: Waldbröl
Besonderheiten: optimal entwikkeltes, typisches Exemplar einer Stieleiche im Talauenbereich
Standort: auf einer Weide in der Wiehltalaue, nördl. der Ortschaft Heckelsiefen, zu erreichen über B 256 aus Richtung Gummersbach oder Waldbröl

155 Schenkeiche bei Kühlbach

Baumart: Eiche
Alter: 820 Jahre
Höhe: 20 m Krone: 18 m
Umfang: 480 cm (in 9 cm Höhe)
Forstamt: Waldbröl
Besonderheiten: 1167 schenkte Kaiser Barbarossa seinem Kanzler Reinald von Dassel den Reichshof Eckenhagen, aus diesem Anlaß sollen Eichen gepflanzt worden sein.
Standort: an der Wiehltalsperre an der südwestl. Bucht ostwärts der Straße, Baumzwiesel in 2 m Höhe

156 Alte Linde im Bierenbachtal

Baumart: Linde
Alter: 600–800 Jahre
Höhe: 27 m Krone: 18 m
Umfang: 610 cm
Forstamt: Waldbröl
Besonderheiten: der Stamm sieht aus, als seien viele Bäume aus einem Stock gewachsen, in 2 m Höhe teilt er sich vielstämmig auf und wächst senkrecht nach oben, Winterlinde
Standort: In der Mitte des Ortes Bierenbachtal–Nümbrecht

157 Drei Eichen im Nutscheid bei Waldbröl

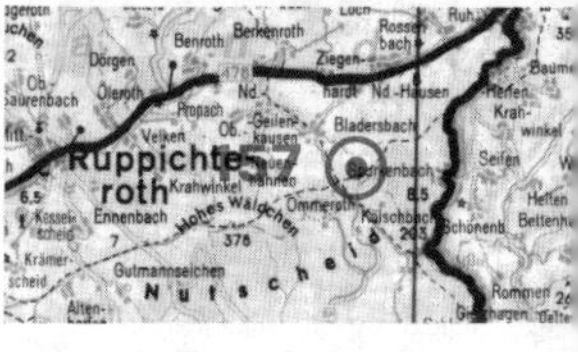

Baumart: Eiche
Alter: 250–300 Jahre
Höhe: 15/20/15 m Krone: 15 m
Umfang: 300/310/350 cm
Forstamt: Waldbröl
Besonderheiten: Gerichtsstätte, in der Nähe steht die Galgeneiche
Standort: Waldgebiet Nutscheid an der Zeitstraße südostwärts von Bladersbach

158 Stieleiche in Schladern

Baumart: Eiche
Alter: 500 Jahre
Höhe: 25 m Krone: 25 m
Umfang: 480 cm
Forstamt: Eitorf
Besonderheiten: am Fuße des Baumes altes Backhaus, starker Stamm, schwungastige Krone
Standort: Siegtalstraße nach Schladern, an der Linkskurve 1. Straße im spitzen Winkel aufwärts zur Windeckstraße 25

159 Eßkastanie im Wald bei Rotscheroth

Baumart: Kastanie
Alter: 400 Jahre
Höhe: 30 m Krone: 40 m
Umfang: 660 cm
Forstamt: Eitorf
Besonderheiten: gewaltiger Stamm, der in 3 m Höhe zwieselt und eine mächtige Krone ausbildet. Stärkster Stamm aller im Kreis erfaßter Naturdenkmäler.
Standort: Rupichteroth–Rotscheroth im Wald ca.100 m östlich der Kreuzung.

160 Eibe in Agger

Baumart: Eibe
Alter: 800 Jahre
Höhe: 12 m Krone: 10 m
Umfang: 205 cm
Forstamt: Eitorf
Besonderheiten: soll aus der Gründungszeit der Cyriakuskapelle stammen. Wurde jahrhundertlang in Kreuzform geschnitten, auch jetzt stark gestutzt.

Standort: in der ehem. Probstei auf dem Klosterhof bei der Cyriakuskapelle bei Lohmar, OT Agger

161 Sommerlinde in Wahlscheid

Baumart: Linde
Alter: 500 Jahre
Höhe: 15 m Krone: 14 m
Umfang: 500 cm
Forstamt: Eitorf
Besonderheiten: ehem. Femelinde, unter der Versammlungen abgehalten und Recht gesprochen wurde
Standort: Wahlscheid, Bartholomäusstraße an der Kirche

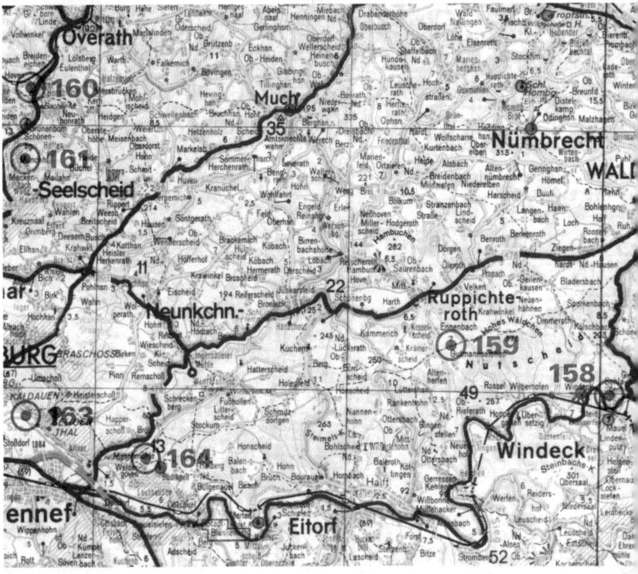

162 Roßkastanie am Haus Sülz in Lohmar

Baumart: Kastanie
Alter: 350 Jahre
Höhe: 26 m Krone: 27 m
Umfang: 400 cm
Forstamt: Eitorf
Besonderheiten: Gelände der ehem. Burg Sülz, 1766 abgebrochen. In 3 m Höhe gabelt sich der Baum vielstämmig auf, starke überhängende Äste – Privatbesitz
Standort: Lohmar, Haus Sülz.

163 Napoleonsbuche in Kaldauer Wald

Baumart: Buche
Alter: 185 Jahre
Höhe: 38 m Krone: 27 m
Umfang: 520 cm
Forstamt: Siegburg
Besonderheiten: steht an alter Heerstraße Köln–Altenkirchen, frühere Wegekreuzung, zweigt in 5 m Höhe auf, starke Wulste
Standort: an der alten Heerstraße in Siegburg, nordostwärts von Kaldauen am Wald, Abt. 3

164 Roßkastaniengruppe in Bröl

Baumart: Kastanie
Alter: 200 Jahre
Höhe: 22 m Krone: 18 m
Umfang: 300–330 cm
Forstamt: Siegburg
Besonderheiten: 3 Kastanien stehen im Abstand von 2 x 1 x 1 m, sind ineinander verwachsen u. stehen malerisch hinter einer kleinen Brücke
Standort: Hennef–Bröl, südöstl. hinter der Brölbrücke

165 Platanen in Oberpleis

Baumart: Platane
Alter: 200 Jahre
Höhe: 35 m Krone: 40 m
Umfang: 450/440 cm
Forstamt: Siegburg
Besonderheiten: ein ansprechendes Ensemble mit Kirche und Kreuz
Standort: an der Kirche in Oberpleis

166 Libanonzeder in Bad Honnef

Baumart: Zeder
Alter: 200 Jahre
Höhe: 21 m Krone: 28 m
Umfang: 250 cm
Forstamt: Bad Honnef
Besonderheiten: ein 9–stämmiger Baum, gemessen wurde der stärkste Stamm, bizarre Wuchsform
Standort: Bad Honnef, Bernhard Kleinstraße 16

167 Verschlungenes Liebespaar bei Bad Honnef

Baumart: Buche/Eiche
Alter: 60–80 Jahre
Höhe: 28/26 m Krone: 10–12 m
Umfang: 160 cm
Forstamt: Siegburg
Besonderheiten: Buche und Eiche haben nebeneinander gekeimt und sind zusammen aufgewachsen, berührten sich in 50 cm Höhe und umarmten sich. In 3 m Höhe hat die Buche die Eiche umkreist, im 4 m lösen sie sich voneinander.
Standort: Westhang des Quellenmichtals. 50 m nach Nordwesten ein verschlungenes Buchenpaar, das nach oben 3 Stämme bildet.

168 Gerichtslinde in Walberberg

Baumart: Linde
Alter: 150 Jahre
Höhe: 17 m Krone: 16 m
Umfang: 335 cm
Forstamt: Kottenforst
Besonderheiten: Vorgängerlinde bereits 1478 als alte Thinglinde erwähnt
Standort: vor der St. Walburga-Kirche in Bornheim-Walberberg

169 Eßkastanie in Dersdorf

Baumart: Eßkastanie
Alter: 220 Jahre
Höhe: 18 m Krone: 17 m
Umfang: 500 cm
Forstamt: Siegburg
Besonderheiten: in 5 m Höhe teilt sich der Erdstamm in zahlreiche Hauptäste auf, die eine vollwuchtige Krone bilden
Standort: im ehem. Park des Lindenhofes Waldorfer Weg 73

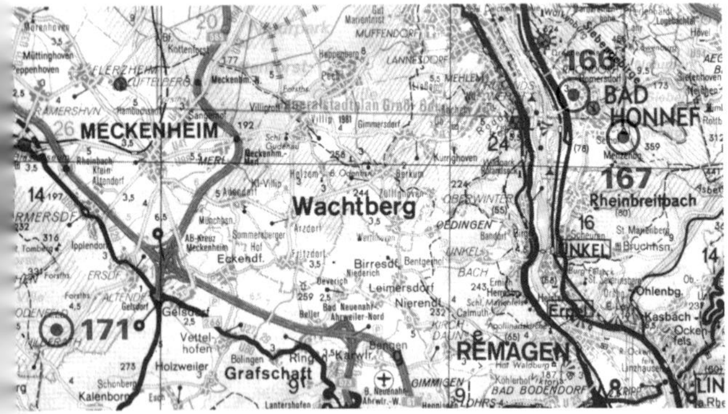

170 Hängesilberlinde in Roisdorf

Baumart: Linde
Alter: 150 Jahre
Höhe: 28 m Krone: 28 m
Umfang: 440 cm
Forstamt: Kottenforst
Besonderheiten: gepfropfter Baum, der sich in 4 m Höhe in zahlreiche Haupttriebe aufteilt
Standort: Bornheim–Roisdorf, im ehem. Park Wittgenstein im Westen von Roisdorf. Im gleichen Park 2 Ginkgobäume.

171 Hexenbuche bei Hilberath

Baumart: Buche
Alter: 100 Jahre
Höhe: 12 m Krone: 11 m
Umfang: 250 cm
Forstamt: Kottenforst
Besonderheiten: in ca. 7 m Höhe karrenradähnliche Verzweigung, Pilzform der Krone
Standort: am Wanderweg A 3 im Hilberather Wald, Abt. 40b, Waldanfang auf der linken Seite der Landstraße Hilberath – Altendorf

172 Dicke Eiche im Kottenforst

Baumart: Eiche
Alter: 350–400 Jahre
Höhe: 28 m Krone: 25 m
Umfang: 600 cm
Forstamt: Kottenforst
Besonderheiten: urige, besonders dicke Mittelwaldeiche (Stieleiche)
Standort: ca. 250 m südöstl. vom „Jägerhäuschen"

173 Schnacke Eiche im Kottenforst bei Bonn

Baumart: Eiche
Alter: 400 Jahre
Höhe: 37 m Krone: 18 m
Umfang: 440 cm
Forstamt: Kottenforst
Besonderheiten: walzenförmiger uriger Schaft, bis 18 m Höhe astrein, dann gleichmäßige Krone, voll beastet, gut belaubt. Eine Bilderbucheiche. Schnacker = gerade, Stieleiche
Standort: 400 m westlich der Ortschaft Villiprott, Dorfstraße – Forsthaus Schönwaldhaus, am Waldparkplatz vorbei über den Schnacker Trittweg

174 Tausendjährige Eiche am Hovener Hof bei Weilerswist

Baumart: Eiche
Alter: 800–1000 Jahre
Höhe: 23 m Krone: 25 m
Umfang: 690 cm
Forstamt: Ville
Besonderheiten: riesige Krone mit Kandelaberästen, beuliger Stamm, sehr eindrucksvoll
Standort: auf dem Hof an der Straße zwischen Metternich und Weilerswist

175 Trauerweide in Metternich

Baumart: Weide
Alter: 80–100 Jahre
Höhe: 18 m Krone: 21 m
Umfang: 515 cm
Forstamt: Ville
Besonderheiten: Stamm 2 m hoch, dann aufgeteilt in 2 Hauptäste
Standort: am Dorfplatz am Kriegerdenkmal Bergstraße

176 Alte Eichen von Metternich

Baumart: Eiche
Alter: 350–400 Jahre
Höhe: 17/14/16 m Krone: 22/10/11 m
Umfang: 520/290/330 cm
Forstamt: Ville
Besonderheiten: Wahrzeichen des Ortes, frühere Thing- und Kultstätte vermutet
Standort: Christ-König-Schule Dreieichenstraße

177 Eiche bei Burg Zievel

Baumart: Eiche
Alter: 400–500 Jahre
Höhe: 15 m Krone: 11 m
Umfang: 500 cm
Forstamt: Bad Münstereifel
Besonderheiten: bizarre Baumgestalt mit Huteeichencharakter
Standort: 250 m nordöstl. der Burg Zievel am Waldrand

178 Eibengruppe in der Burgruine Hardtburg

Baumart: Eibe
Alter: 200 Jahre
Höhe: 16/15 m Krone: 8/7/7 m
Umfang: 162/142/140 cm
Forstamt: Bad Münstereifel
Besonderheiten: Baumgruppe aus 3 Einzelbäumen
Standort: innerhalb der Burgruine Hardtberg

179 Holunderbaum in Arloff

Baumart: Holunder
Alter: 100–200 Jahre
Höhe: 7 m Krone: 4 m
Umfang: 210 cm
Forstamt: Bad Münstereifel
Besonderheiten: ungewöhnlich starker und alter Holunderbaum
Standort: in Bad Münstereifel-Arloff, Bachstraße 115

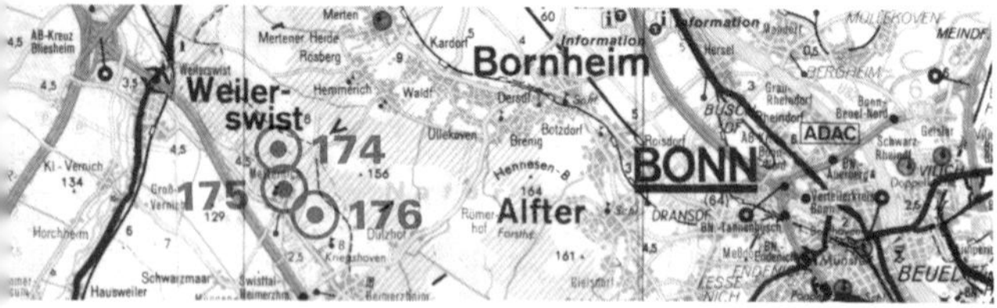

180 Tausendjährige Eiche in Burgfey

Baumart: Eiche
Alter: 600 Jahre
Höhe: 18 m Krone: 22 m
Umfang: 530 cm
Forstamt: Bad Münstereifel
Besonderheiten: sehr attraktiver Baum mit weit ausladender Krone
Standort: Mechernich, OT Burgfey

181 Dorflinde in Zingsheim

Baumart: Linde
Alter: 300 Jahre
Höhe: 35 m Krone: 24 m
Umfang: 430 cm
Forstamt: Bad Münstereifel
Besonderheiten: früher Gerichtsort. Neben der Linde Wegekreuz mit zwei alten Kastanien
Standort: Nettersheim–Zingsheim in der Pfalzstraße

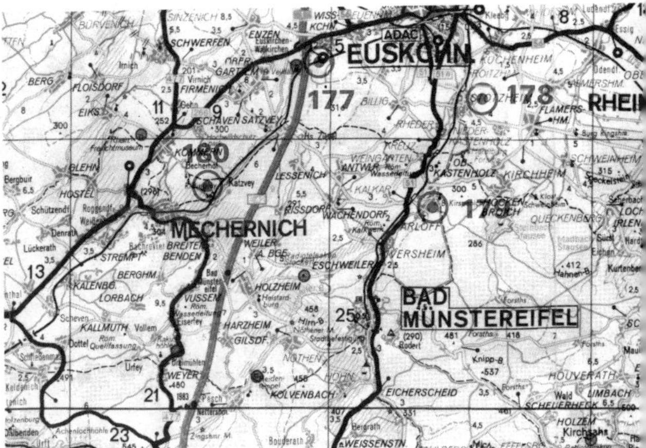

182 Dorflinde in Winten

Baumart: Linde
Alter: 200–250 Jahre
Höhe: 25 m Krone: 18 m
Umfang: 410 cm
Forstamt: Schleiden
Besonderheiten: freistehend mit weit ausladender Krone
Standort: Dorfausgang Winten am Wege nach Bungenberg vor dem Sportplatz

183 Alte Linde bei der Pfarrkirche in Schmidtheim

Baumart: Linde
Alter: 500 Jahre
Höhe: 28 m Krone: 28 m
Umfang: 730 cm
Forstamt: Schleiden
Besonderheiten: Legende der Hexenverfolgungjagd
Standort: an der Pfarrkirche

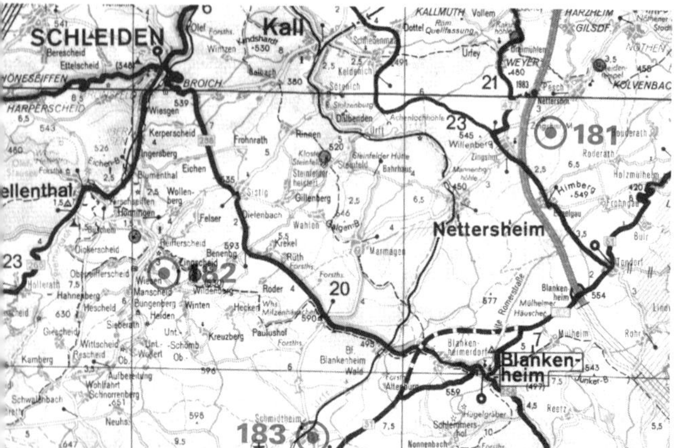

Regierungsbezirk Detmold

Kreis Minden-Lübbecke

184 Ulme in Bierde

Baumart: Ulme
Alter: 500–600 Jahre
Höhe: 17 m Krone: 15 m
Umfang: 710 cm
Forstamt: Minden
Besonderheiten: stark geneigter Stamm
Standort: auf dem Hof des Landwirtes Ernsting in Bierde

185 Königslinde an der Porta Westfalica

Baumart: Linde
Alter: 150 Jahre
Höhe: 32 m Krone: 19 m
Umfang: 360 cm
Forstamt: Minden
Besonderheiten: 1842 gepflanzt von König Wilhelm IV. und seiner Gemahlin
Standort: unterhalb der Wittekindsburg, vor der Kapelle (Wüse)

186 Zwei Eiben in Bergkirchen

Baumart: Eibe
Alter: 300–400 Jahre
Höhe: 15 m Krone: 10 m
Umfang: 300/285 cm
Forstamt: Minden
Besonderheiten: starke vollkronige Bäume
Standort: östl. des Gemeindehauses Bergkirchen, Bergkirchener Straße.

187 Ilex bei Bergkirchen

Baumart: Ilex
Alter: 300–500 Jahre
Höhe: 19 m Krone: 6 m
Umfang: 113/96 cm
Forstamt: Minden
Besonderheiten: in dieser Art sehr alt, Seltenheit
Standort: am Südostrand von Bergkirchen, nördl. der Straße Warmer Krug

188 Linde an der Werre bei Werste

Baumart: Linde
Alter: 250–300 Jahre
Höhe: 24 m Krone: 19 m
Umfang: 355 cm
Forstamt: Minden
Besonderheiten: stark geneigter Stamm mit hängenden Ästen. In unmittelbarer Nähe eine Gruppe von 3 Eichen und eine 300jährige Starkeiche.

Standort: durch den zum Staatsbad gehörenden Sielpark bis Sielbrücke, auf dem gegenüberliegenden Ufer der Werre.

189 Eiche an der Sielbrücke bei Werste

Baumart: Eiche
Alter: 250 Jahre
Höhe: 28 m Krone: 30 m
Umfang: 300 cm
Forstamt: Minden
Besonderheiten: sehr breite Krone. Dahinter eine tief gezwieselte Eiche.
Standort: direkt an der Sielbrücke der Werre.

190 Gogerichtslinde an der Burg Limberg bei Börninghausen

Baumart: Linde
Alter: 400–500 Jahre
Höhe: 24 m Krone: 22 m
Umfang: 570 cm
Forstamt: Minden
Besonderheiten: Stamm innen hohl, saniert. Gogericht Angelbeke um 1535 belegt, Linde älter. Der Gograf verkündete das Urteil, das durch die Gerichtsgemeinde gefällt wurde.
Standort: südostwärts der Burg Limberg. Beschilderung zum Forsthaus Limberg folgen, die Linde steht auf der Burg. Vor dem Restaurant „Forsthaus Limberg“ eine weitere starke Linde.

191 Eiche in Gräfinghagen

Baumart: Eiche
Alter: 200–300 Jahre
Höhe: 22 m Krone: 22 m
Umfang: 540 cm
Forstamt: Bielefeld
Besonderheiten: einzelstehende Eiche, sehr starke Krone ab 4 m Höhe, hof- und landschaftsbildgestaltender Solitär
Standort: Bielefeld–Lämershagen–Gräfinghagen, Oerninghauser Straße südwestl. des Hauses Nr. 178

192 Eiche in Beckhof

Baumart: Eiche
Alter: 300–350 Jahre
Höhe: 25 m Krone: 22 m
Umfang: 530 cm
Forstamt: Bielefeld
Besonderheiten: 5 m hoher Stamm mit Drehwuchs, darüber mehrere Starkäste.
Standort: in Bielefeld–Beckhof „Am Beckhof", grenzt an Bielefeld-Sennestadt, dem Schilde „Dalbke" folgen. Die stärkste von mehreren Eichen, die in einer Reihe an der Straße stehen.

193 Eiche in Hoberge-Uerentrup

Baumart: Eiche
Alter: 450 Jahre
Höhe: 15 m Krone: 16 m
Umfang: 660 cm
Forstamt: Bielefeld
Besonderheiten: einzelstehende Eiche, hof- und landschaftsbildgestaltender Solitär, baumchirurgisch behandelt.

Standort: Hoberge–Uerentrup an der Südostseite des Gehöftes Meyer zu Hoberge

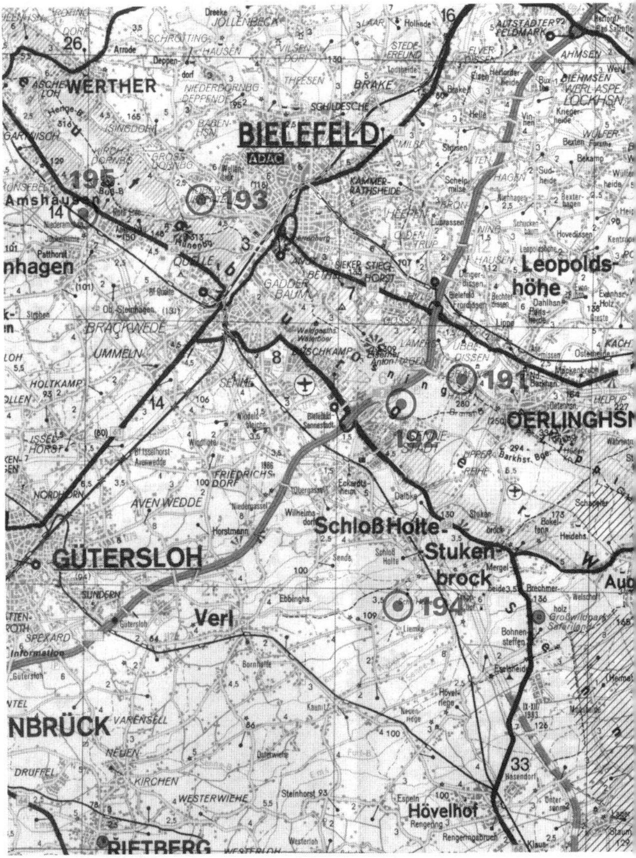

194 Tausendjährige Eiche am Schloß Holte

Baumart: Eiche
Alter: 650 Jahre
Höhe: 25 m Krone: 15 m
Umfang: 810 cm
Forstamt: Bielefeld
Besonderheiten: völlig hohler Stamm, Krone vital, eindrucksvoller Baum
Standort: am Ölbach, 150 m südwestlich der Schloßförsterei über Schloßstraße oder Verler Landstraße leicht erreichbar.

195 Eiche in Oberamshausen

Baumart: Eiche
Alter: 250 Jahre
Höhe: 18 m Krone: 27 m
Umfang: 540 cm
Forstamt: Bielefeld
Besonderheiten: stattlicher Einzelbaum mit weit ausladender Krone
Standort: vor dem Gasthaus „Friedrichshöhe" an der Kaistraße in Steinhagen-Oberamshausen

Kreis Lippe

196 Buche bei Greffen

Baumart: Buche
Alter: 200 Jahre
Höhe: 30 m Krone: 25 m
Umfang: 600 cm
Forstamt: Bielefeld
Besonderheiten: vollbekronter Solitär, starke Dimensionen.
Standort: Ca. 2 km westlich von Greffen (zwischen Horsewinkel und Sassenberg), ca. 500 m nördlich der Ems

197 Linde bei Pixelfeld

Baumart: Linde
Alter: 500–600 Jahre
Höhe: 25 m Krone: 12 m
Umfang: 650 cm
Forstamt: Bielefeld

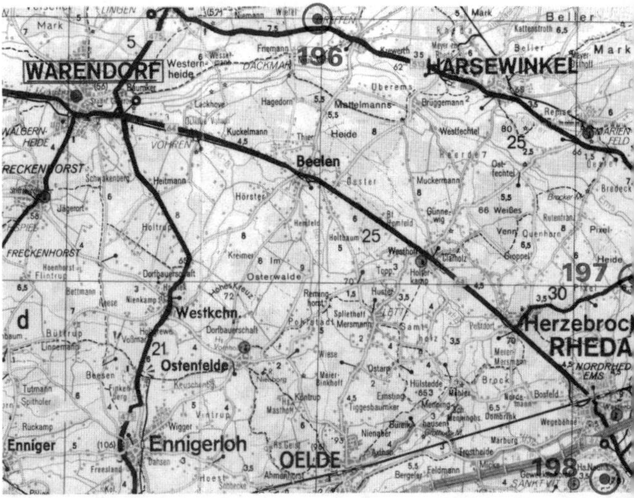

Besonderheiten: Langkroniger vollbelaubter Solitär mit starkem Stamm, schmal, Sommerlinde
Standort: An der L 788 nordostwärts von Pixelfeld nördl. von Rheda-Wiedenbrück

198 Eiche in Wiedenbrück

Baumart: Eiche
Alter: 200–250 Jahre
Höhe: 19 m Krone: 25 m
Umfang: 410 cm
Forstamt: Bielefeld
Besonderheiten: mächtige Krone, Hofbaum
Standort: Frentruperstraße 32 in Wiedenbrück, OT St. Vit

199 Tanzlinde in Bexten

Baumart: Linde
Alter: 500 Jahre
Höhe: 25 m Krone: 25 m
Umfang: 650 cm
Forstamt: Lage
Besonderheiten: Tanzlinde mit ehemals 3 Etagen: oberste Etage – Dämonen, in der Mitte – Götter, unten – Menschen. Ehem. Mittelpunkt des Amtsmeierhofes.
Standort: Bad Salzuflen–Bexten

200 Tausendjährige Eiche in Papenhausen

Baumart: Eiche
Alter: 600 Jahre
Höhe: 24 m Krone: 25 m
Umfang: 640 cm
Forstamt: Bielefeld
Besonderheiten: knorriger Stamm mit mehreren Beulen, tief beastet
Standort: Lemgo, OT Papenhausen

an der Straße Düsternsieg – Bushaltestelle Papenhausen–Nebel

201 Alte Eiche in Retzen

Baumart: Eiche
Alter: 200 Jahre
Höhe: 25 m Krone: 18 m
Umfang: 380 cm
Forstamt: Lage
Besonderheiten: Baum von landschaftsbildprägender und hoher ökologischer Bedeutung
Standort: Bad Salzuflen-Retzen, Rittergut Papenhausen,nödlich des Gutsgebäudes

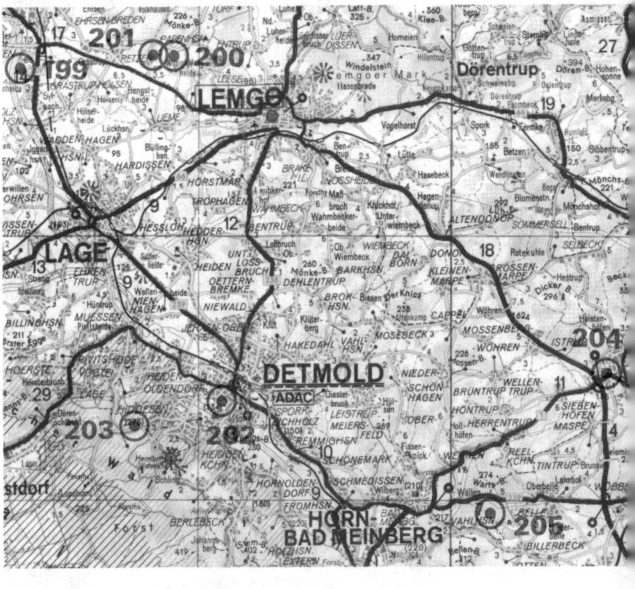

202 Mammutbaum in Detmold

Baumart: Sequoia
Alter: 140 Jahre
Höhe: 29 m Krone: 10 m
Umfang: 390 cm
Forstamt: Lage
Besonderheiten: Saatgut wurde von dem Engländer William Lobb 1853 nach Detmold gebracht.
Standort: Palaisgarten an der Musikakademie, wo noch viele andere alte Bäume stehen.

203 Starke Linde bei Hiddesen

Baumart: Linde
Alter: 300 Jahre
Höhe: 23 m Krone: 20 m
Umfang: 510 cm
Forstamt: Horn
Besonderheiten: der starke Stamm teilt sich in 4 m Höhe in zahlreiche Hauptäste auf, die eine symetrische Schirmkrone bilden.
Standort: Detmold—Hiddesen bis Auffahrt zum Hermannsdenkmal. Am letzten Haus (Kurverwaltung) gerade weiter bis Straßenende.

204 Burglinde in Blomberg

Baumart: Linde
Alter: 700 Jahre
Höhe: 15 m Krone: 15 m
Umfang: 650 cm
Forstamt: Lage
Besonderheiten: Stamm nur noch zur Hälfte erhalten, Krone zweigeteilt, saniert
Standort: in der Parkanlage der Burg, am Eingang zum Burghotel.

205 Kirchlinde in Reelkirchen

Baumart: Linde
Alter: 700–800 Jahre
Höhe: 18 m Krone: 21 m
Umfang: 840 cm
Forstamt: Lage
Besonderheiten: verwunschener Baum, vielfach miteinander verwachsen, knorrig mit weit ausladenden Ästen. Die Astarme zeigen zu den Dörfern, die zu der Kirchengemeinde gehören, Sommerlinde z. Zt. der Kirchenerbauung gepflanzt.
Standort: vor der Kirche (aus dem 12. Jhd.)

206 Wittekind-Linde in Elbrinxen

Baumart: Linde
Alter: 800–900 Jahre
Höhe: 30 m Krone: 25 m
Umfang: 930 cm
Forstamt: Lage
Besonderheiten: ein ungewöhnlich mächtiger Baum, starker Erdstamm, zahlreiche senkrechte Achsen. Rinde relativ glatt, Sommerlinde.
Standort: in Elbrinxen auf dem Friedhof vor der Kirche.

207 Alte Eiche mit dem Schweinekopf bei Vinsebeck

Baumart: Eiche
Alter: 400 Jahre
Höhe: 30 m Krone: 25 m
Umfang: 680 cm
Forstamt: Bad Driburg
Besonderheiten: in 3 m Höhe ein Ast zu einem Schweinskopf ausgewachsen, sehr mächtige häufig verzweigte Krone.
Standort: 1 km vom Dorf am Radwanderweg R 1 zwischen Weg und Fluß.

208 Markuslinde bei Vinsebeck

Baumart: Linde
Alter: 400 Jahre
Höhe: 15 m Krone: 15 m
Umfang: 600 cm
Forstamt: Bad Driburg
Besonderheiten: mächtiger gefurchter vollholziger Stamm, Krone mehrfach ausgebrochen, unsymetrisch. Daneben Kreuz und Bildstock, steht 300 m von Kapelle entfernt.
Standort: an der Straße von Vinsebeck nach Steinheim in Sichtweite vom Sportplatz auf der linken Seite.

209 Zernikow–Eiche bei Sandebeck

Baumart: Eiche
Alter: 300 Jahre
Höhe: 26 m Krone: 20 m
Umfang: 375 cm
Forstamt: Paderborn
Besonderheiten: ein vollholziger und gesunder Baum, der in einem Naturschutzgebiet steht.
Standort: im Müggental, am Müggentalweg.

210 Judeneiche auf Gut Merlsheim

Baumart: Eiche
Alter: 300 Jahre
Höhe: 30 m Krone: 25 m
Umfang: 400 cm
Forstamt: v. u. z. Mühlen'sche Verwalt.
Besonderheiten: starke Stieleiche mit voller, ausladender Krone. Hier rasteten oft die Juden auf dem Weg zum Markt nach Paderborn.
Standort: am alten Triftweg

211 Zwei Linden am Kloster Corvey

Baumart: Linde
Alter: 400–500 Jahre
Höhe: 12/15 m Krone: 10/15 m
Umfang: 400/670 cm
Forstamt: Bad Driburg
Besonderheiten: z.Zt. noch mit Betonplombe, mehrfach saniert, Sommerlinden. Sind von Hoffmann von Fallersleben als imposante Bäume gemalt worden.
Standort: Kloster Corvey am Ostrand von Höxter. Weseraufwärts am Ufer alte Eichenallee.

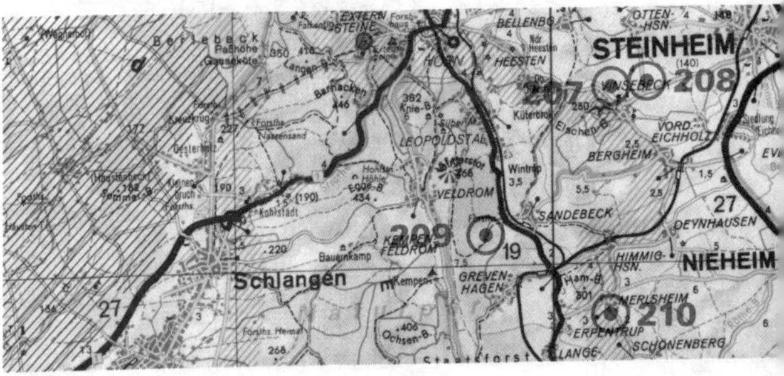

212 3 Linden an der Kapelle bei Wehrden

Baumart: Linde
Alter: 250–300 Jahre
Höhe: 18–20 m Krone: 20 m
Umfang: 320–370 cm
Forstamt: Neuenherse
Besonderheiten: 3 Sommerlinden
Standort: an der B 83 Beverungen–Höxter an der Abzweigung nach Amelunxen

213 Linde auf Rittergut Möltgen in Borgholz

Baumart: Linde
Alter: 350 Jahre
Höhe: 20 m Krone: 14 m
Umfang: 300 cm
Forstamt: Neuenheerse
Besonderheiten: Sommerlinde. Stamm auf einer Seite mit ausgebrochenem Ast. In Stammlücke neue Wurzeln in 1 m Höhe.
Standort: auf dem Rittergut

214 Kastanie auf dem Rittergut Möltgen in Borgholz

Baumart: Kastanie
Alter: 250 Jahre
Höhe: 22 m Krone: 12 m
Umfang: 530 cm
Forstamt: Neuenheerse
Besonderheiten: mächtiger stark gefurchter Stamm, vor längerer Zeit saniert.
Standort: auf dem Rittergut, Kastanie direkt vor dem Wohnhaus

215 Zwölfapostel-Linde bei Gehrden

Baumart: Linde
Alter: 400–600 Jahre
Höhe: 30 m Krone: 32 m
Umfang: 950 cm
Forstamt: Bad Driberg

Besonderheiten: der Stamm teilt sich in 2–3 m Höhe in viele Stämme, die bukettförmig nach oben streben und sich zu einer kugelförmigen mächtigen Krone vereinigen, Winterlinde
Standort: Stadt Brakel, OT Gehrden – im Klosterhof

216 Femelinde bei Löwen

Baumart: Linde
Alter: 500 Jahre
Höhe: 15 m   Krone: 15 m
Umfang: 590 cm
Forstamt: Neuenheerse
Besonderheiten: eine alte Winterlinde in einer sonst leeren Umgebung, über einem Bildstock. Völlig zerklüfteter Stamm, mehrfach überwallt.
Standort: am Ortsausgang von Willebadessen–Löwen Richtung Peckelsheim an der Straße.

217 Tausendjährige Eiche von Borlinghausen

Baumart: Eiche
Alter: 800–1000 Jahre
Höhe: 21 m Krone: 18 m
Umfang: 1200 cm
Forstamt: Neuenheerse
Besonderheiten: auf den ersten Blick so, als seien 2 Bäume nebeneinander aufgewachsen. Hohl bis in den oberen Teil der Zwieselkrone. Viele Beulen, Köpfe und Figuren.
Standort: Willebadessen–Borlinghausen. Straße Borlinghausen – Löwen, 50 m östlich in einer großen Kurve am Rande eines kleinen Gehölzes.

218 Linde in Ossendorf

Baumart: Linde
Alter: 300–350 Jahre
Höhe: 13 m Krone: 12 m
Umfang: 430 cm
Forstamt: Neuenheerse
Besonderheiten: Pilzbefall im Stamm, wurde im Winter 1990/91 behandelt, Winterlinde
Standort: mitten im Dorf Ossendorf, nordwestl. von Warburg an der B 7

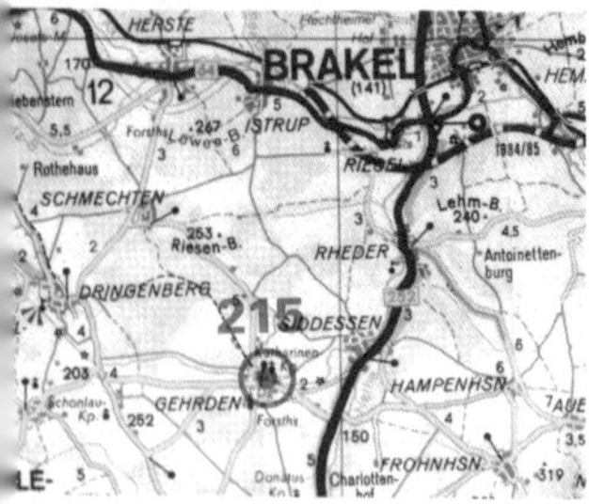

219 Tausendjährige Linde in Paderborn

Baumart: Linde
Alter: 500 Jahre u. älter
Höhe: 8 m Krone: 7 m
Umfang: 410 cm
Forstamt: Paderborn
Besonderheiten: nur noch eine Stammhälfte vorhanden, mehrfach saniert.
Standort: auf dem kleinen Domplatz in Paderborn unterhalb des Domes.

220 Landulinuseiche in Boke

Baumart: Eiche
Alter: 500 Jahre u. älter
Höhe: 22 m Krone: 18 m
Umfang: 470 cm
Forstamt: Paderborn
Besonderheiten: der Hl. Landulinus wurde 836 von Frankreich nach Boke überführt, am Patronatstag werden die Gebeine in einer Prozession unter die Landulinuseiche getragen
Standort: auf dem Dorfplatz von Boke, ein OT von Delbrück

221 Eichen bei Schwelle

Baumart: Eiche
Alter: 350–400 Jahre
Höhe: 21/23/28 m
Krone: 25/25/30 m
Umfang: 480/500/510 cm
Forstamt: Paderborn
Besonderheiten: 2 der Eichen stehen auf einer Wiese, gerade Stämme u. gleichmäßige Krone. Eine Eiche am Gutsgebäude mit 2 m langem Schaft und breitausladender Krone.
Standort: Eiche mit Eichenbestand südl. des Gutes Winkhausen nordwestl. von Salzkotten

222 Wieseneiche im Apfelbaumgrund bei Kloster Dalheim

Baumart: Eiche
Alter: 300 Jahre
Höhe: 29 m Krone: 30 m
Umfang: 500 cm
Forstamt: Büren
Besonderheiten: in 4 m Höhe löst sich der starke Erdstamm in zahlreiche schlangenförmig gedrehte Starkäste auf, breitkronig, Stieleiche
Standort: vom Kloster Dalheim aufwärts 2 km, dann Richtung Meerhof 800 m frei im Wiesengrund

223 Wuchereiche am Kloster Dalheim

Baumart: Eiche
Alter: 400–500 Jahre
Höhe: 14 m Krone: 20 m
Umfang: 650 cm
Forstamt: Büren
Besonderheiten: Stamm voller Beulen und Wucherungen, als sei der Baum aus Wucherungen und Geschwüren entstanden. Diese Eigenschaft besitzt der Stamm bis in die Krone, Stieleiche
Standort: am Paschenberg, am Osthang zum Tiggesgrund

224 Huser Linde am Kloster Dalheim

Baumart: Linde
Alter: 400 Jahre
Höhe: 31 m Krone: 20 m
Umfang: 650 cm
Forstamt: Büren
Besonderheiten: mächtiger Erdstamm, in 3–5 m Höhe in viele Bäume aufgelöst, Sommerlinde
Standort: Im Mühlenfeld, an der Teersteraße von Dalheim nach Husen 500 m nördl. des Klosters

225 Eichenhof im Kloster Dalheim

Baumart: Eiche
Alter: 400 Jahre
Höhe: 25–32 m Krone: 10–15 m
Umfang: 300–450 cm
Forstamt: Büren
Besonderheiten: Alteichenhain mit jungen Ahornen und Linden nachgepflanzt, Stieleiche
Standort: an der Westmauer des Klosters

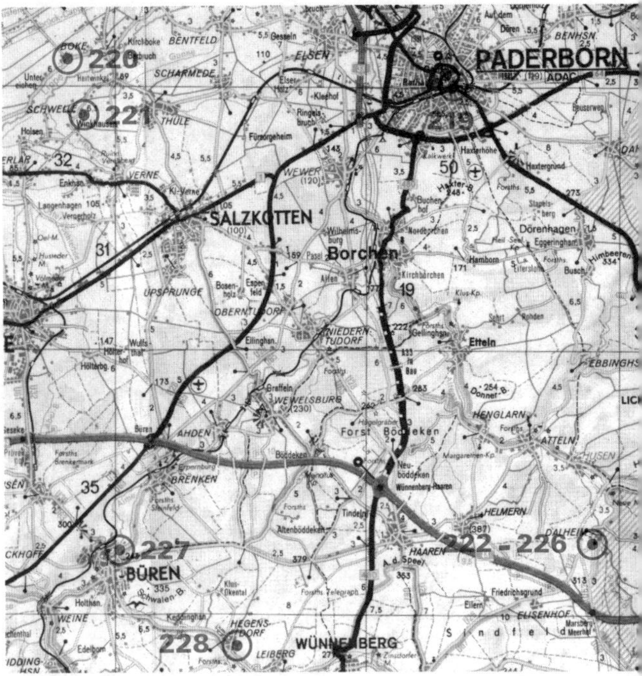

226 Dankelmanneiche bei Dalheim	Baumart: Eiche Alter: 250–300 Jahre Höhe: 31 m Krone: 12 m Umfang: 360 cm Forstamt: Büren Besonderheiten: walzenförmiger Schaft, vollholzig, hochangesetzte Krone Standort: im Talgrund 4 km oberhalb Kloster Dalheim, beschildert
227 Linden „Adam und Eva“ in Büren	Baumart: Linde Alter: 250–300 Jahre Höhe: 25/30 m Krone: 25/30 m Umfang: 600/650 cm Forstamt: Büren Besonderheiten: auffallend stark ausgeprägte Baumkronen, Sommerlinden Standort: in Büren am Zusammenfluß von Alme und Afte
228 Linde in Hegensdorf	Baumart: Linde Alter: 500–600 Jahre Höhe: 16 m Krone: 15 m Umfang: 670 cm Forstamt: Büren Besonderheiten: starke Winterlinde mit Muttergottes, Stamm 3,5 m hoch, im oberen Bereich hohl. Standort: Büren–Hegensdorf inmitten des Dorfes oberhalb der Kirche

229 Speckbirnbaum von Lippetal-Brockhausen

Baumart: Birne
Alter: 190 Jahre
Höhe: 10 m Krone: 10 m
Umfang: 260 cm
Forstamt: Obereimer
Besonderheiten: einer der ältesten Birnbäume der Region
Standort: auf dem Hof

230 Teufelsbuchen in Overhagen

Baumart: Buche
Alter: 150–200 Jahre
Höhe: 18/10 m Krone: 14/14 m
Umfang: 360/470 cm
Forstamt: Warstein–Rüthen
Besonderheiten: auffallend geschwungene Äste, bizarrer Wuchs, Baum 1: fiederblättrig, Baum 2; normalblättrig
Standort: auf dem Spielplatz der Straße am Schloßpark

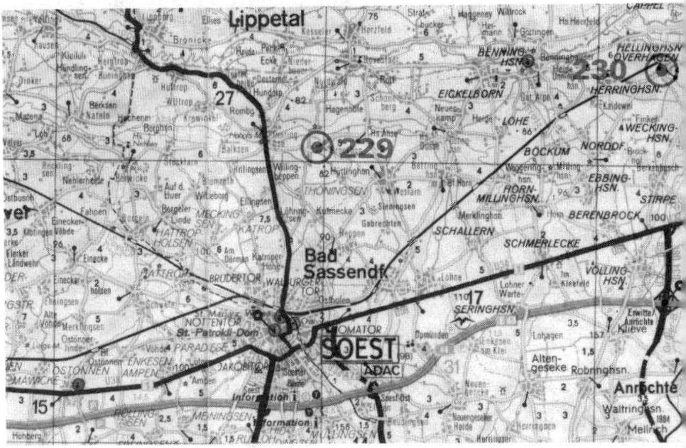

231 Alte Linde vor dem Friedhof in Bad Westernkotten

Baumart: Linde
Alter: 400 Jahre
Höhe: 15 m Krone: 16 m
Umfang: 550 cm
Forstamt: Warstein-Rüthen
Besonderheiten: Prozessionslinde, Rettung aus Pestjahren um 1635, weitere Prozessionslinden am Prozessionsweg
Standort: vor dem Friedhof

232 Linde bei Erwitte

Baumart: Linde
Alter: 500 Jahre
Höhe: 15 m Krone: 25 m
Umfang: 750 cm
Forstamt: Warstein–Rüthen
Besonderheiten: Solitär mit breit ausladender Krone
Standort: B 55 von Erwitte nach Anröchte, Weg vor Autobahn nach Westen hinter Eichenbestand am Söbberringhof in der Flur Kuhkamp

233 Linde bei Eringerfeld

Baumart: Linde
Alter: 500 Jahre
Höhe: 20 m Krone: 19 m
Umfang: 720 cm
Forstamt: Warstein–Rüthen
Besonderheiten: zweistämmig, starke Krone, gut ausgebildetes Astwerk tief herabreichend, Solitär (Winterlinde)
Standort: im Tal südl. der Straße Erhingerfeld – Steinhausen

234 Dicke Eiche bei Nettelstädt

Baumart: Eiche
Alter: 400 Jahre
Höhe: 25 m Krone: 20 m
Umfang: 490 cm
Forstamt: Warstein–Rüthen
Besonderheiten: alte Huteeiche, weit ausladend
Standort: Revier Nettelstädt im Forstort Dicker Dorn

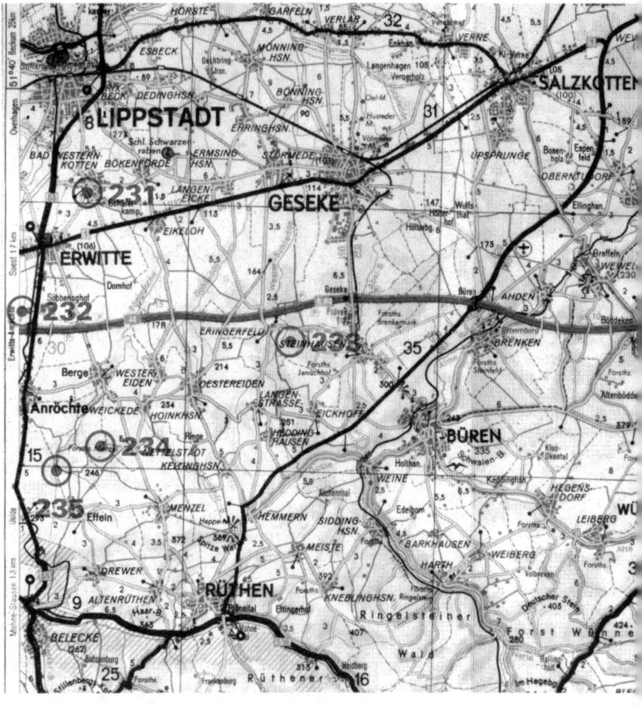

235 Strugholtz-Linde in der Pöppelsche bei Effeln

Baumart: Linde
Alter: 200 Jahre
Höhe: 25 m Krone: 20 m
Umfang: 350 cm
Forstamt: Warstein–Rüthen
Besonderheiten: Solitärbaum am Wegkreuz
Standort: Grenzweg zwischen Anröchte und Effeln in der Pöppelsche am südl. Waldrand

236 Kroneneiche bei Warstein

Baumart: Eiche
Alter: 350–400 Jahre
Höhe: 32 m Krone: 20 m
Umfang: 530 cm
Forstamt: Warstein-Rüthen
Besonderheiten: mächtiger Baum mit hochangesetzter Krone, Stieleiche
Standort: im Wald zwischen Warstein und Hirschberg, in der Mitte bei Höhe 312 am Wegkreuz in Karten gekennzeichnet

237 Linde bei Oberbergheim

Baumart: Linde
Alter: 150–200 Jahre
Höhe: 16 m Krone: 15 m
Umfang: 340 cm
Forstamt: Warstein-Rüthen
Besonderheiten: Solitär mit gut gewachsener Krone und auffallend dichtem Astwerk, sehr vital
Standort: A 44 Abfahrt Soest-Ost – Richtung Niederbergheim vor Eickhoff nach Oberbergheim am Haar Kirchweg im Süden von Oberbergheim

238 Schäferlinde in der Feldflur der Gemeinde Möhnesee

Baumart: Linde
Alter: 200 Jahre
Höhe: 12 m Krone: 8 m
Umfang: 430 cm
Forstamt: Obereimer
Besonderheiten: Kopfbaum, stark beschnitten
Standort: am Haarweg Höhe Eschtrop

239 Altarlinde in Günne

Baumart: Linde
Alter: 400–600 Jahre
Höhe: 20 m Krone: 14 m
Umfang: 400 cm
Forstamt: Obereimer

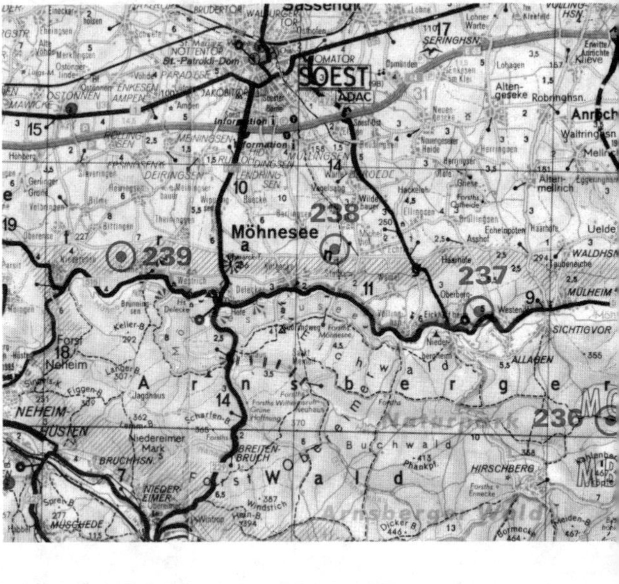

Besonderheiten: alter Prozessionsort. Früher stand hier eine Eiche, die durch Linde ersetzt wurde. Diese steht auf Wurzelanläufen, hohl.
Standort: 1,5 km nordwestl. von Günne, südwestl. des Haarweges, 200 m westlich des Kreuzungspunktes, in Karten eingezeichnet.

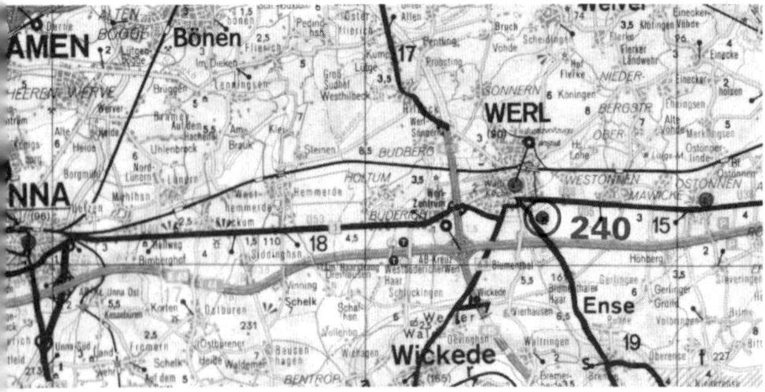

240 Libanonzeder in Werl

Baumart: Zeder
Alter: 200 Jahre
Höhe: 20 m Krone: 15 m
Umfang: 300 cm
Forstamt: Obereimer
Besonderheiten: ein Missionar soll das Pflänzchen aus dem vorderen Orient nach Werl gebracht haben, wahrscheinlich älteste u. größte Zeder in der Umgebung
Standort: auf dem Friedhof

Regierungsbezirk Arnsberg

Stadt Hamm

241 Hohle Eiche in Heessen

Baumart: Eiche
Alter: 400 Jahre
Höhe: 20 m Krone: 20 m
Umfang: 520 cm
Forstamt: Iserlohn
Besonderheiten: gewaltiger Baum, dessen Erdstück sich in 2 starke Stämme aufteilt, Innenraum hohl
Standort: an der Fährstraße Heessen – Hamm

242 Buchen auf der Lippeinsel bei Schloß Heessen

Baumart: Buche
Alter: 200 Jahre
Höhe: 24/25 m Krone: 26/22 m
Umfang: 380/530 cm
Forstamt: Iserlohn
Besonderheiten: Rotbuche mit imponierender Gestalt und Blutbuche mit starken Verwachsungen im Erdstamm
Standort: auf der Lippeinsel bei Schloß Heessen über Wehr nach Südosten

243 Stieleiche in Dasberg

Baumart: Eiche
Alter: 250–300 Jahre
Höhe: 22 m Krone: 20 m
Umfang: 350 cm
Forstamt: Iserlohn

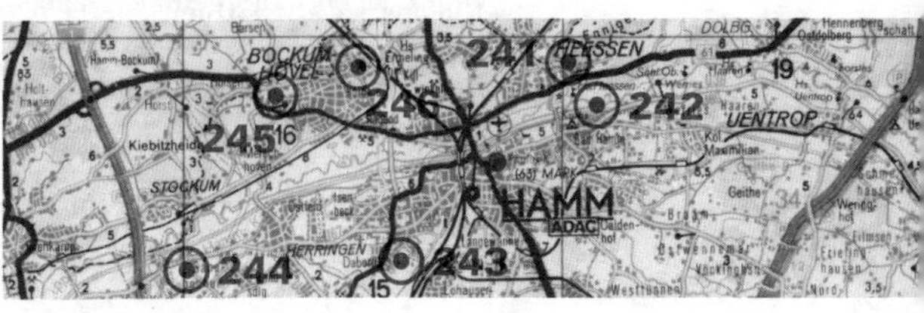

Besonderheiten: Ausrichtung der Äste vor allem nach Osten, daher halbkreisförmige Krone, starker Stamm, landschaftsprägend
Standort: Uedinghoffstraße in Hamm–Dasberg

244 Gehöftbäume an der Urnenfeldstraße in Sandbochum

Baumart: Eiche
Alter: 250 Jahre
Höhe: 17/19 m Krone: 21/19 m
Umfang: 380/390 cm
Forstamt: Iserlohn
Besonderheiten: alte Hofbäume
Standort: an der Urnenfeldstraße

245 Trauerweide mit Bildstock in Hövel

Baumart: Weide
Alter: 50 Jahre
Höhe: 18 m Krone: 19 m
Umfang: 350 cm
Forstamt: Iserlohn
Besonderheiten: kulturhistorisches Relikt
Standort: Bockum–Hövel an der Einfahrt zum Gehöft Wacher an der Oberholsener Straße

246 Lindengruppe bei Hövel

Baumart: Linde
Alter: ca. 200 Jahre Krone:
Höhe: 20–22 m 17–23 m
Umfang: 220–370 cm
Forstamt: Iserlohn
Besonderheiten: kulturhistorische Bedeutung als Hoflinden, 6 Winterlinden
Standort: Bockum–Hövel auf dem Hofgelände Hasebrink an der Ermelinghofstraße

247 Napoleonsbuche in Lünen

Baumart: Buche
Alter: 250–300 Jahre
Höhe: 23 m Krone: 24 m
Umfang: 290 u. 320 cm
Forstamt: Iserlohn
Besonderheiten: 2 zusammengewachsene Stämme mit einer ausgeprägten Krone, seit 1935 Naturdenkmal. In diesem früheren Wald soll Napoleon auf dem Rückweg von Rußland 1813 gerastet haben.
Standort: in Lünen OT Gahmen 200 m nordwestl. vom Hause Bergstr. 156 in freier Feldflur auf Bergkuppe – kein Wegezugang.

248 Eiche am Liedbach in Unna-Massen

Baumart: Eiche
Alter: 600–700 Jahre
Höhe: 24 m Krone: 24 m
Umfang: 630 cm
Forstamt: Iserlohn
Besonderheiten: von weiteren alten Bäumen – Eiche u. Bergahorn – umgeben, mächtige Eiche mit 2 steil nach oben stehenden Hauptstämmen
Standort: Auf dem Gelände des Huckschen Hofes in Unna–Massen, Kletterstr. 21, Anfahrt über Massen Hellweg und Nordstraße.

249 Eiche in Wandhofen

Baumart: Eiche
Alter: 250 Jahre
Höhe: 14 m Krone: 15 m
Umfang: 260 cm
Forstamt: Iserlohn
Besonderheiten: Überrest eines alten Eichenbestandes inmitten eines Neubaugebietes
Standort: in Schwerte, OT Wandhofen im Neubaugebiet „Wandhofener Bruch“ am Gerstenweg

250 Zwei Eichen bei Schloß Dahlhausen

Baumart: Eiche
Alter: 400–500/350 Jahre
Höhe: 10/18 m Krone: 10/15 m
Umfang: 460/410 cm
Forstamt: Letmathe
Besonderheiten: Hoffmann von Fallersleben soll hier das Westfalenlied gedichtet haben „Ihr mögt den Rhein, den stolzen Rhein“
Standort: in der Nähe von Schloß Dahlhausen bei Menden–Harlingen. Die beiden Bäume stehen auf der Wasserscheide nördl. des Schlosses.

251 Dicke Berta im Wildwald bei Nieder-Oesbern

Baumart: Eiche
Alter: 500–600 Jahre
Höhe: 25 m Krone: 32 m
Umfang: 550 cm
Forstamt: Arnsberg
Besonderheiten: imponierender Stamm, der sich in 5 m Höhe in 3 starke Bäume aufteilt, leicht gedreht, gesund. Die Krone sieht mit ihrer vollen Beastung wie ein Pilz aus, Traubeneiche
Standort: vom Parkplatz Europa 500 m neben der Försterei – von

Nieder-Oesbern auf Teerstraße zu erreichen – über Waldpfad (Nr. 6–7), nach 800 m 50 m vom Außengatter entfernt.

252 Hexeneiche in Nachrodt

Baumart: Eiche
Alter: 600 Jahre
Höhe: 25 m Krone: 18 m
Umfang: 500 cm
Forstamt: Letmathe
Besonderheiten: Starke Stieleiche
Standort: in Nachrodt oberhalb des Hofes Finkingsen

253 Eiche vor der Luisenhütte in Balve

Baumart: Eiche
Alter: 400–500 Jahre
Höhe: 15 m Krone: 22 m
Umfang: 430 cm
Forstamt: Arnsberg
Besonderheiten: Baum steht vor einem der ältest erhaltenen Hochofen Deutschlands. Letzter Baum von ursprünglich 6 Eichen, stark mit Efeu bewachsen.
Standort: vor der Luisenhütte

254 Gerichtslinde in Neuenrade

Baumart: Linde
Alter: 900 Jahre
Höhe: 17 m Krone: 15 m
Umfang: 500 cm
Forstamt: Lüdenscheid
Besonderheiten: vielstämmig, hohl, in 7 m geköpft, von dort sprossen zahlreiche "junge" Sprosse; saniert, stark beschnitten, Winterlinde
Standort: im Rathauspark in Neuenrade.

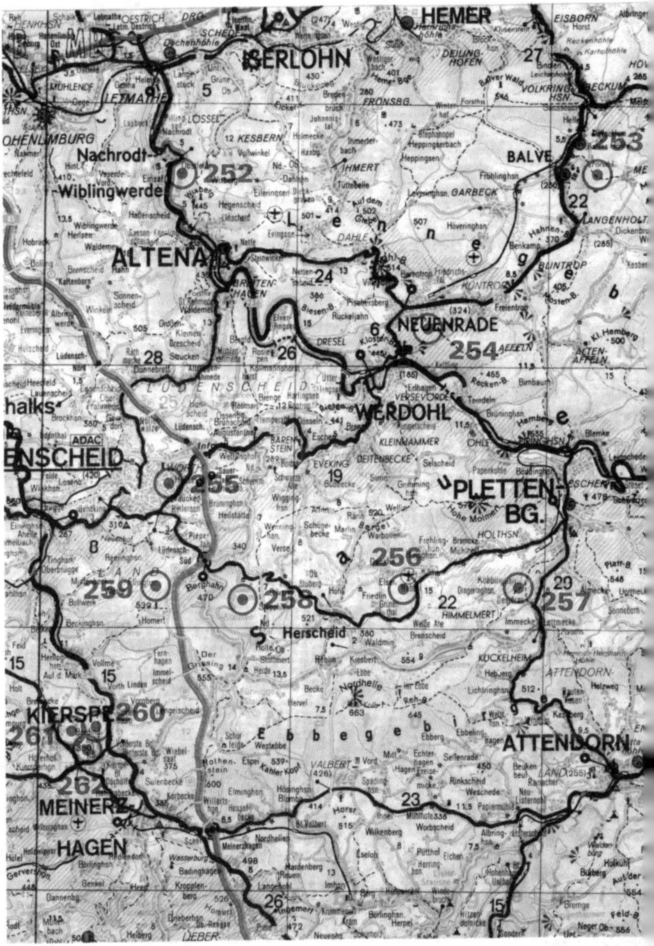
HEMER
ISERLOHN
LETMATHE
HOHENLIMBURG
Nachrodt-
-Wiblingwerde
ALTENA
NEUENRADE
BALVE
WERDOHL
LÜDENSCHEID
PLETTEN-
BG.
Herscheid
KIERSPE
MEINERZ-
HAGEN
ATTENDORN
252
253
254
255
256
257
258
259
260
261
262
Ebbegebirge

255 Honsellinde in Lüdenscheid

Baumart: Linde
Alter: 800 Jahre
Höhe: 20 m Krone: 18 m
Umfang: 780 cm
Forstamt: Lüdenscheid
Besonderheiten: Sommerlinde, Stamm hohl, ausgeprägte Altersform
Standort: im Zentrum von Honsel

256 Tausendjährige Eiche bei Hüinghausen

Baumart: Eiche
Alter: 600–800 Jahre
Höhe: 21 m Krone: 18 m
Umfang: 750 cm
Forstamt: Lüdenscheid
Besonderheiten: wuchtiger, knorriger Recke mit vielen Beulen und Geschwulsten, abgestorbenen Ästen, hohlen Astlöchern; stark und trotzig, Stieleiche
Standort: westlich des Flugplatzes Hüinghausen am Rande eines sanften Bachtales.

257 Breite Eiche bei Plettenberg

Baumart: Eiche
Alter: 700–800 Jahre
Höhe: 30 m Krone: 20 m
Umfang: 530 cm
Forstamt: Lüdenscheid
Besonderheiten: sehr wüchsiger Veteran
Standort: nördlich von Plettenberg-Immecke

258 Buche an der Versetalsperre bei Lüdenscheid

Baumart: Buche
Alter: 300 Jahre
Höhe: 25 m Krone: 15 m
Umfang: 530 cm
Forstamt: Lüdenscheid
Besonderheiten: der Erdstamm löst sich in 2–3 m Höhe in starke geschwungene Äste auf
Standort: von Lüdenscheid über Staumauer der Versetalsperre, dann rechts Waldlehrpfad, nach ca. 1,7 km links vom Weg starke Buche

259 Gerichtslinde bei Lüdenscheid

Baumart: Linde
Alter: 600 Jahre
Höhe: 20 m Krone: 22 m
Umfang: 900 cm
Forstamt: Lüdenscheid
Besonderheiten: alter Thingplatz
Standort: von Lüdenscheid nach Südwesten entlang der Autobahn nach Spielwigge, nächster Weg rechts ab bis zum Ende der Straße westl. der Versetalsperre

260 Luiseneiche bei Kierspe

Baumart: Eiche
Alter: 300 Jahre
Höhe: 18 m Krone: 26 m
Umfang: 360 cm
Forstamt: Lüdenscheid
Besonderheiten: Geschenk von einer alten Dame mit Namen Luise an die Stadt Kierspe
Standort: Stadt Kierspe, Straße Luiseneichen

261 Thingslinde bei Kierspe

Baumart: Linde
Alter: über 500 Jahre
Höhe: 18 m Krone: 16 m
Umfang: 590 cm
Forstamt: Lüdenscheid
Besonderheiten: bereits 1634 erwähnt, Thingstätte. Stamm in 2 Teile aufgeteilt, die durch Eisenstäbe zusammengehalten werden.
Standort: ostwärts von Kierspe an der Wasserscheide Richtung Hohenholten, daneben Kaiser-Wilhelm-Linde, von Kierspe über Landesstraße zu erreichen.

262 Kaiser Wilhelm Linde bei Kierspe

Baumart: Linde
Alter: 300 Jahre
Höhe: 18 m Krone: 15 m
Umfang: 390 cm
Forstamt: Lüdenscheid
Besonderheiten: Stamm ist bis 6 m Höhe völlig hohl. Er bildet zusammen mit der Thinglinde ein wertvolles Ensemble.
Standort: ostwärts von Kierspe an der Wasserscheide Richtung Hohenholten gegenüber der Thingslinde

Hochsauerlandkreis

263 Dorfeiche in Niedereimer

Baumart: Eiche
Alter: 300 Jahre
Höhe: 20 m Krone: 17 m
Umfang: 510 cm
Forstamt: Arnsberg
Besonderheiten: dorfbildprägend. „Zum alten Brunnen“ steht eine weitere Eiche gleicher Größe.
Standort: An der Straße „Zur Friedrichshöhe“

264 Alte Linde in Bruchhausen

Baumart: Linde
Alter: 500 Jahre
Höhe: 13 m Krone: 15 m
Umfang: 510 cm
Forstamt: Arnsberg
Besonderheiten: Krone brach 1906 aus, wieder gut regeneriert, Sage über die Sühne nach der Soester Fehde – später Wallfahrtsort
Standort: auf B 7 von Arnsberg nach 2 km Bruchhausen, vierte Straße rechts 50 m

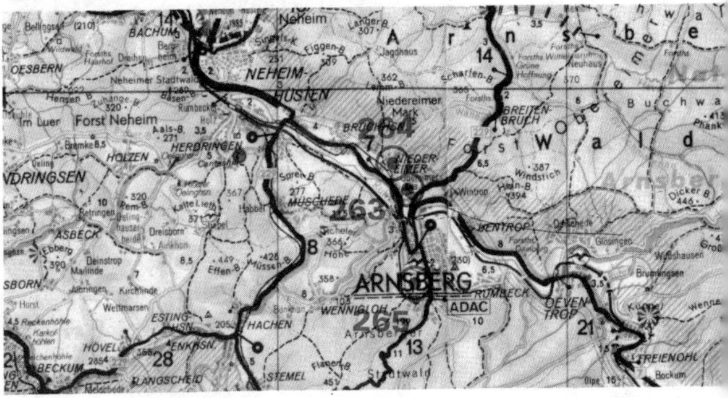

265 Eiche im Eichholz in Arnsberg

Baumart: Eiche
Alter: 400–500 Jahre
Höhe: 22 m Krone: 25 m
Umfang: 490 cm
Forstamt: Arnsberg
Besonderheiten: gerades Stammstück mit starken Beulen, ab 4 m Höhe regelmäßig verzweigt
Standort: zwischen Ruhr und Mühlengraben im Eichholz in der Nähe vom Sitz des Regierungspräsidiums, steht an einem Waldlehrpfad.

266 Krause Eiche bei Amecke

Baumart: Eiche
Alter: 300 Jahre
Höhe: 11 m Krone: 20 m
Umfang: 360 cm
Forstamt: Arnsberg
Besonderheiten: starker furchiger Erdstamm, der in 2 m Höhe sich in eine starkastige Krone auflöst
Standort: in Amecke am Hang, ab Parkplatz am Freibad über Wanderweg A 9.

267 Eiche bei Endorf

Baumart: Eiche
Alter: 300 Jahre
Höhe: 25 m Krone: 28 m
Umfang: 500 cm
Forstamt: Arnsberg
Besonderheiten: teilt sich in 2 m Höhe in 2 Stämme auf.
Standort: oberhalb von Sundern–Endorf, Straße Richtung Endorferhütte, vor Ortsende rechts über Sägewerkshof, steht nach ca. 500 m im Feld.

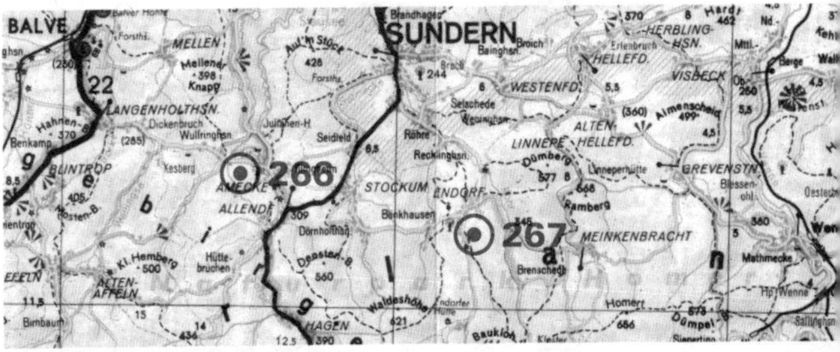

Baumart: Eiche
Alter: 250–300 Jahre
Höhe: 30 m Krone: 20 m
Umfang: 380 cm
Forstamt: Schmallenberg
Besonderheiten: Solitär mit auffallend starken Wurzeln und großer starkastiger Krone
Standort: Von Latrop in das Grubental, 1,2 km bachaufwärts entlang eincr Reihe von Ahornbäumen, an Wegegabel gekennzeichnet.

268 Dicke Eiche bei Latrop

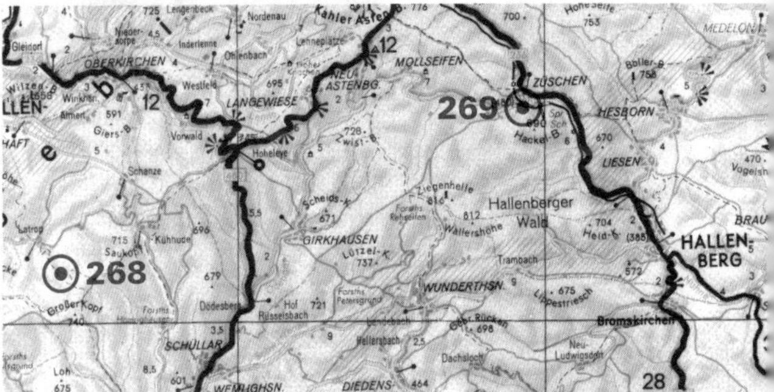

269 Dicke Linde in Züschen

Baumart: Linde
Alter: 250 Jahre
Höhe: 27 m Krone: 20 m
Umfang: 390 cm
Forstamt: Winterberg
Besonderheiten: in 6 m Höhe teilt sich der Stamm in 3 starke Hauptachsen auf, gesund.
Standort: Winterberg OT Züschen, oberhalb des Ortes Lindenstraße

270 Linde am Pferdemarkt in Küstelberg

Baumart: Linde
Alter: 400–500 Jahre
Höhe: 17 m Krone: 18 m
Umfang: 490 cm
Forstamt: Glindfeld
Besonderheiten: starker Stamm, in 3 m Höhe verzweigt, Sommerlinde
Standort: in der Ortslage, früheres Kloster und alte Handelsstraße

271 Buche an der Viertelstundenstrecke bei Winterberg

Baumart: Buche
Alter: 250–300 Jahre
Höhe: 15 m Krone: 18 m
Umfang: 450 cm
Forstamt: Winterberg
Besonderheiten: Bis hierher begleiteten die Angehörigen die Wintersberger Handelsmänner, Kreuz aus 1865, auffallendes Wurzelwerk
Standort: am Sürenberg nordwestlich Winterberg nahe Industriegebiet oberhalb Bauhof.

272 Linde bei Brunskappel

Baumart: Linde
Alter: 400–500 Jahre
Höhe: 22 m Krone: 22 m

Umfang: 700 cm
Forstamt: Winterberg
Besonderheiten: Blitzschlag vor 100 Jahren, Längsspaltung, wieder voll zusammengewachsen. Stamm hohl, in 4 m Höhe bukettförmig aufgeteilt, interessante Stammverwachsungen.
Standort: an der Straße von Brunskappel nach Elpe auf der Wasserscheide in 560 m Höhe.

273 Eiche in Brunskappel

Baumart: Eiche
Alter: 500 Jahre
Höhe: 22 m Krone: 25 m
Umfang: 550 cm
Forstamt: Winterberg
Besonderheiten: sehr starker beuliger Schaft mit weit ausladenden Starkästen, Rinde brettartig bis Krone
Standort: in der Ortsmitte an der Hauptstraße vor Haus Nr. 13.

274 Eiche an der Schloßkapelle in Gevelinghausen

Baumart: Eiche
Alter: 350 Jahre
Höhe: 24 m Krone: 21 m
Umfang: 510 cm
Forstamt: Winterberg
Besonderheiten: mächtiger Stamm, innen zum Teil hohl, saniert, gestutzt – eng verbunden mit der Kapelle.
Standort: in der Schloßanlage steht im Süden die Schloßkapelle, an deren Nordseite sich die alte Eiche emporreckt

275 Dicke Linde bei Rösenbeck

Baumart: Linde
Alter: 500–600 Jahre
Höhe: 15 m Krone: 15 m
Umfang: 600 cm
Forstamt: Brilon
Besonderheiten: Femelinde, Raststätte Napoleons, Stamm teilt sich in 2 m Höhe in 3 Hauptachsen auf.
Standort: von Rösenbeck 1 km nach Osten an der Straße

276 Dorfeiche in Wülfte

Baumart: Eiche
Alter: 300–400 Jahre
Höhe: 9 m Krone: 16 m
Umfang: 380 cm
Forstamt: Brilon
Besonderheiten: Stamm verjüngt sich bis 1 m Höhe sehr stark, Wurzelanlauf teilt sich in 3 m Höhe in 5 Äste auf.
Standort: im Dorfkern, Wülfter Straße auf einer Grüninsel.

277 Friedhofslinde in Oesdorf

Baumart: Linde
Alter: 400 Jahre
Höhe: 23 m Krone: 15 m
Umfang: 480 cm
Forstamt: Brilon
Besonderheiten: starker voll bekronter Baum.
Standort: auf dem Friedhof

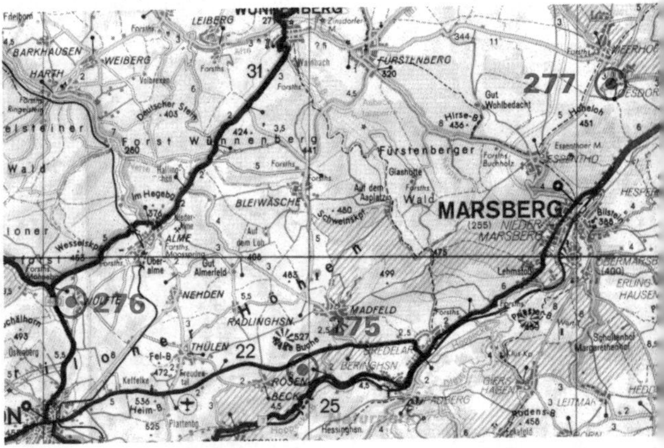

278 Linde am Deimelhof bei Alperscheid

Baumart: Linde
Alter: 400–500 Jahre
Höhe: 22 m Krone: 30 m
Umfang: 550 cm
Forstamt: Olpe
Besonderheiten: breit ausladender Baum, innen hohl. Schönes Ensemble mit Fachwerkhof von 1808. Der Hof brannte 1808 ab, die Möbel wurden unter die Linde gestellt, Winterlinde
Standort: vor dem Hof Deimel, Alperscheid liegt über dem Biggesee.

279 Femelinde in Welschen-Ennest

Baumart: Linde
Alter: 300 Jahre
Höhe: 15 m Krone: 15 m
Umfang: 360 cm
Forstamt: Olpe
Besonderheiten: Gerichtsbaum, starkbeuliges Stammstück bis 4 m Höhe, darüber ein hohlwerdender Hauptast, vom Mauerwerk des Hofgebäudes bedeckt
Standort: Kirchhundem, OT Welschen–Ennest, Hof Kaiser, Einsiedeleiweg

Kreis Siegen-Wittgenstein

280 Vorspann-Eiche bei Hilchenbach

Baumart: Eiche
Alter: 300 Jahre
Höhe: 18 m Krone: 14 m
Umfang: 345 cm
Forstamt: Hilchenbach
Besonderheiten: markanter Einzelbaum, in 5 m Höhe gezwieselt, ehem. Zoll- und Grenzposten und Umspannstation für Ochsen und Pferde

Standort: an der Straße zwischen Brachthausen und Hilchenbach am Wanderparkplatz „Vorspann–Eiche“

281 Die Freistuhleichen in Müsen

Baumart: Eiche
Alter: 400 Jahre
Höhe: 18–20 m Krone:
Umfang: 360–400 cm 16–20 m
Forstamt: Hilchenbach
Besonderheiten: 6 Eichen, 2 Buchen, frühere Gerichtswiese, Standort durch Hütten beeinträchtigt, Eichen z.T. Elefantenfüße
Standort: auf der Wigrow bei Müsen, von der Hauptstraße direkt hinter der Kirche rechts abbiegen oder über 3,5 km Wanderweg von der Vorspanneiche zu erreichen.

282 Dicke Buche bei Krombach

Baumart: Buche
Alter: 300–400 Jahre
Höhe: 22 m Krone: 26 m
Umfang: 600 cm
Forstamt: Siegen-Nord
Besonderheiten: auf 1000 Elefantenfüßen erhebt sich ein kurzer gedrungener Leib mit vielen Wucherungen, Ausbuchtungen, ganz absurd, darüber eine vielarmige Krone – Gnom mit Hörnern.
Standort: Stadt Kreuztal–Krombach am alten Heck.

283 Friedhofslinden in Bühl

Baumart: Linde
Alter: 250 Jahre
Höhe: 17/18 m Krone: 25 m
Umfang: 210/220 cm

Forstamt: Siegen-Nord
Besonderheiten: in 2 m Abstand gepflanzt, verzweigen sich auf gleicher Höhe in 4 m
Standort: Freudenberg, OT Bühl, Friedhofseingang

284 Bäreneiche bei Niederholzklau

Baumart: Eiche
Alter: 600 Jahre
Höhe: 30 m Krone: 29 m
Umfang: 500 cm
Forstamt: Siegen-Nord
Besonderheiten: bereits 1453 erwähnt, mächtiger gerader Stamm, vital.
Standort: in der Gemarkung Niederholzklau in der Nähe der Straße Niederholzklau – Oberholzklau ostwärts, an der Grenze zwischen einem Laubholz- und Nadelholzbestand.

285 Dicke Buche an der Lai bei Schameder

Baumart: Buche
Alter: 300 Jahre
Höhe: 13 m Krone: 20 m
Umfang: 600 cm
Forstamt: Hilchenbach
Besonderheiten: Süntelbuche mit knorrig verwachsenem Erdstamm,

der sich kurz über dem Boden in viele stark geknickte und geschwungene Zweige auflöst, gewaltige Krone
Standort: Schameder – Richtung Birkefehl–Birkelbach, 1. Straße rechts, 300 m auf Böschung

286 Der Schedeschtrüch in Bad Berleburg

Baumart: Buche
Alter: 200 Jahre
Höhe: 18 m Krone: 20 m
Umfang: 200 cm
Forstamt: Hilchenbach
Besonderheiten: z.T. horizontal gewachsene Rotbuche, Weg zur Hinrichtungsstätte, wo der Verurteilte noch einmal auf die Stadt zurückblikken durfte
Standort: Ortsrand in Richtung Dotzlar direkt an der Straße

287 Goldeiche bei Bad Berleburg

Baumart: Eiche
Alter: 250–300 Jahre
Höhe: 24 m Krone: 27 m
Umfang: 320 cm
Forstamt: Hilchenbach
Besonderheiten: im Frühjahr treibt der Baum goldgelbe Blätter, die im Sommer die Färbung einer normalen Eiche annehmen
Standort: Gkg. Wemlighausen im Tal des kleinen Rüsselsbaches kurz vor Einmündung in die Schwarzenau, auf der Straße von Wemlighausen nach Hallenberg 1,5 km nach Ortsende auf der linken Seite noch 500 m über Feldweg.

Stadt Dortmund

288 Roßkastanie im Schloß Bodelschwingh

Baumart: Kastanie
Alter: 200 Jahre
Höhe: 25 m Krone: 20 m
Umfang: 670 cm
Forstamt: Gevelsberg
Besonderheiten: vermutlich bei der Errichtung des Schlosses gepflanzt. Starker Stamm, der sich in 1,5 m Höhe in 5 dicke Haupttriebe aufteilt, Höhlung ausgemauert, z.T. gebrochen
Standort: 150 m vom Schloß entfernt, außerhalb des Zaunes in einem lokkeren Baum- und Buschbestand. Weitere interessante Bäume im Park.

289 Süntelbuche in Bochum

Baumart: Buche
Alter: 250 Jahre
Höhe: 20 m Krone: 23 m
Umfang: 550 cm
Forstamt: Gevelsberg
Besonderheiten: Verzweigungsform einer Süntelbuche, Kronenansatz in ca. 1 m Höhe
Standort: Bochum–Weitmar, Schloßpark, ca. 20 m östl. der Schloßruine

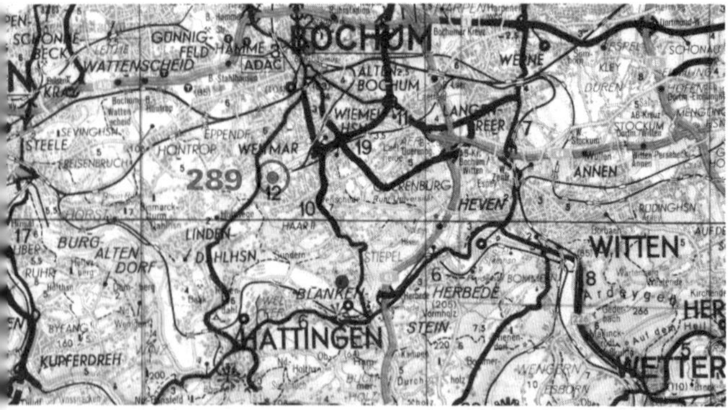

Stadt Hagen

290 Priorlinde in Priorei

Baumart: Linde
Alter: 1000 Jahre
Höhe: 26 m Krone: 25 m
Umfang: nicht bestimmbar
Forstamt: Gevelsberg
Besonderheiten: viele Bäume aus einem Wurzelstock, fast nicht mehr zusammengehörig und doch gemeinsam, in bis zu 15 Einzelstämmen aufstrebend, immer wieder verjüngt (Kandelaberlinde)
Standort: oberhalb des Ortes vor der Gaststätte "Zur 1000-jährigen Priorlinde„.

291 Femelinde in Rumscheid in Dahl

Baumart: Linde
Alter: 1000 Jahre
Höhe: 23 m Krone: 20 m
Umfang: 850 cm
Forstamt: Gevelsberg
Besonderheiten: viele Stämme streben gedreht und gewunden gen Himmel, stehen auf Stelzen, treffen und vereinigen sich wieder, bilden Rindenformen innen und außen, Winterlinde
Standort: Hof Schröder in Hagen-Dahl (Rumscheid)

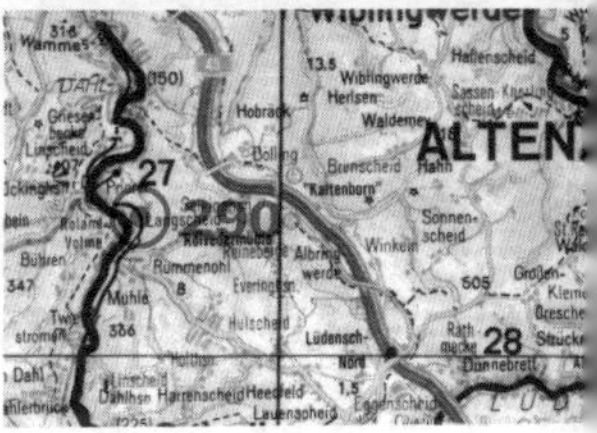

292 Buschmanns Dicke Eiche in Oberstüter

Baumart: Eiche
Alter: 400 Jahre
Höhe: 29 m Krone: 18 m
Umfang: 420 cm
Forstamt: Gevelsberg
Besonderheiten: 8 m astreiner Schaft, starke Krone, gerader Wuchs
Standort: auf der Oberstüter Straße aus Richtung Hattingen und einige hundert Meter nach dem Lokal Kauerhof links am Wald

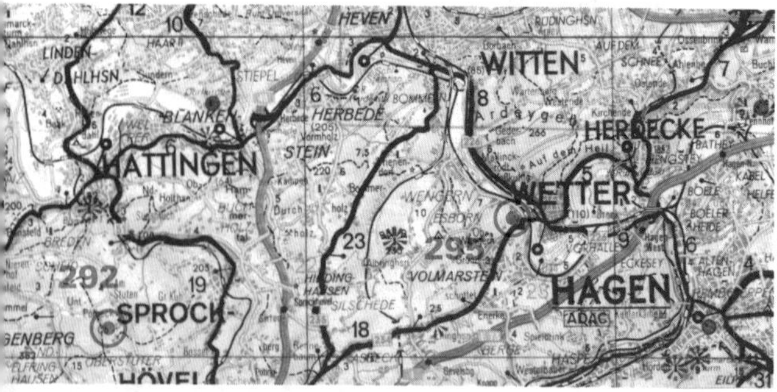

293 Die eichenblättrige Buche in Gevelsberg

Baumart: Buche
Alter: 200 Jahre
Höhe: 19 m Krone: 22 m
Umfang: 330 cm
Forstamt: Gevelsberg
Besonderheiten: ungewöhnliche Blattform
Standort: Park von Hausbusch Hagener Straße 337

294 Kandelaberlinde in Breckerfeld

Baumart: Linde
Alter: 400 Jahre
Höhe: 19 m Krone: 25 m
Umfang: 620 cm
Forstamt: Gevelsberg
Besonderheiten: Kandelaberform. In 1 m Höhe teilt sich der Stamm in 6 Seiten- und einen Mitteltrieb, der sich weiter oben wieder teilt.
Standort: in Breckerfeld, Weiler Finkenberg, Anfahrt über Königsheide, Delle, Brenscheid

295 Herrenhauseiche in Wetter

Baumart: Eiche
Alter: 400 Jahre
Höhe: 22 m Krone: 20 m
Umfang: 450 cm
Forstamt: Gevelsberg
Besonderheiten: beschrieben in Briefwechsel der Jugendgeliebten Hennette von Schwachenberg mit Hoffmann von Fallersleben
Standort: 200 m von der Ruhrbrücke in Wetter – Oberwengen in den heutigen städtischen Grünanlagen, früher Haus Hove

aus dem Wettbewerb „Alte liebenswerte Bäume im Ruhrgebiet".

Sehr geehrte Damen und Herren, von unserer Lehrerin haben wir erfahren, daß wir mithelfen können, alte Bäume zu schützen. In Kerpen gibt es mehrere, die auf jeden Fall erhalten bleiben sollen. Wir haben sie teilweise in den letzten Wochen besichtigt und werden uns die anderen auch noch ansehen. Wir haben einen Stadtplan beigelegt und die Bäume mit Zahlen versehen, damit auch Fremde sie finden können.

Angeregt durch Ihre Aufrufe kund zu tun, wo evtl. alte Bäume stehen, möchte ich etwas aus meiner Jugendzeit berichten. Ich bin jetzt 81 Jahre alt, war von 1920 bis 1925 in Rheinbach/Bonn im Pensionat St. Josef. Bei Schulausflügen passierten wir sehr oft den Kottenforst, das ist ein Waldgebiet, wenn wir zu Fuß nach Godesberg gingen. Und im Kottenforst stand damals ein Baum, dessen Stamm so dick war, daß wir mit mehreren Schülerinnen uns an den Händen faßten, um rund herum zu kommen. Wo dieser Baum nun genau stand, das weiß ich nicht, aber das müßte ja durch den zuständigen Forstmeister herauszubekommen sein. Außerdem standen da noch Bäume, die von Hohenzollernprinzen, die in Bonn studierten, gepflanzt worden sein sollen.

Es handelt sich um den Antoniusbaum im St. Sither Wald, 3 km von St. Sith und 3 km von der deutschen Grenze, also auf belgischem Gebiet. Ganz kurz wie er seinen Namen erhalten hat. Vor etwa 200 Jahren, als es nur Waldwege hier gab, hatte sich ein kleiner Junge auf dem Weg von Setz nach St. Sith verirrt. Die besorgten Eltern und Freunde suchten ihn überalll und beteten zum hl. Antonius, wie das so üblich war und fanden ihn unter dieser alten Eiche. Als Dank setzten sie eine Statue des hl. Antonius in ein Holzkästchen.

Ich möchte Ihnen „meinen“ Baum vorstellen: Besagter ist eine über 100 Jahre alte Esche. In natura viel schöner, als die Aufnahmen erkennen lassen. So groß, so wuchtig, so beschützend, so wunderschön!

Die Wurzel

Der Baum erhebt sich in seiner Pracht, er grünt und gedeiht und duftet. Seine Blätter und Blüten beachten und bewundern wir. Aber wer beachtet schon die Wurzeln. Diese aber, still und bescheiden, wie eine Mutter voller Güte, gibt von ihrem Fleisch und ihrem Blut die Schönheit des Baumes.

— • —

In dieser Woche rief mich eine frühere Nachbarin an mit den Worten: „Das wäre doch was für Dich!" Am nächsten Tag schrieb ich mir diese Anschrift auf. als 76jährige Oma und großer Naturfreund mit dem Hobby Verse zu schreiben – nun schreib ich „Ihnen".
1915 bin ich als achtes Kind in dem kleinen Häuschen (auf dem beigelegten Vers) dort geboren. Immer treibt es uns alle wieder dorthin und zu den Bäumen, in denen meine ältesten Brüder ihren Namen ritzten. Im Bild nur das Blätterdach eines sehr alten Eichenbaumes, der auch bestimmt zwei Jahrhunderte auf dem Buckel haben müßte.
Ich würde mich freuen, wenn Sie etwas daraus für diese Sendung gebrauchen könnten.

— • —

Der alte Baum

Es neigt
der alte Baum
schon leicht
sein Haupt,
gebeugt
von einer Last.
Woher?
Er trägt wohl schwer
an seiner Bürd'.
Ja,
wenn er reden würd . . .

Der alte Baum
hält weit verzweigt
in dem Geäst
so manch' Geheimnis
eisern fest.
Glück und Freud;
auch das Leid
und auch die Sorgen.
Er muß das all
für sich behalten,
tief verborgen
in seiner Rinden Falten.

Doch gestern
gab er Antwort mir.
Da hab ich ihn
gefragt:
„Vierhundert Jahr' fast
stehst du hier
und hast noch nie
etwas gesagt?"

„Oh doch,
mein Freund",
vernahm ich da.
„Hörst du nicht
des Wipfels Rauschen?
Es ist die Stimme
der Natur.
Da mußt du nur
mal richtig lauschen.

Zwar gruben
manche Scherben
dir gar tiefe Kerben.
Doch die meisten
meiner Runzeln
die hab ich wohl
vom still-vergnügten
Schmunzeln.

Doch hätt' ich
all das
auf der Welt
weit und breit
erzählt,
ja dann,
mein Freund,
dann
hätt' man mich
lange schon
gefällt!"

Hermann Banzhaf

Thema:
Alte Bäume

Ich bin 9 Jahre alt wohne in Stevede Kreis Coesfeld und kenne einen Baum ungefähr 500 Jahre alt. Es ist eine Eiche mit einer breiten Krone, der Baum ist noch standfest. Er ist schon öffter vom Blitz getroffen worden. Es ist eine Feme-Eiche, eine Eiche wo man vor 500 Jaren Leute verurteilt hat. Die Eiche steht neben dem ältesten Bauernhof in unserem Ort.

— • —

Die Linde

Asphaltiert sind alle Straßen
und Steine auf dem engen Weg
betoniert die stillen Gassen
und zementiert der schmale Steg

Vom Schmutz umhüllt das grüne Laub
und eingeengt der Lebensraum
die Luft erstickt im Straßenstaub
es stirbt der alte Lindenbaum

Krank und matt ist nun die Linde
wie herrlich schön sie einmal war
spröd und trocken Ast und Rinde
wie kahl und einsam steht sie da

Verdorrt – verwelkt sind ihre Zweige
die Blätter fielen früh im Jahr
erloschen alle Lebensfreude

sie – die so stolz und glücklich war

Noch rauschen die Zweige im Winde
es fällt so mancher morsche Ast
im Morgengrauen starb die Linde
zerbrochen an der Lebenslast

Erwin Wagner

— • —

Bäume sind etwas zum Staunen. Auf vielfache Weise. Gleich ob es sich dabei um eine junge zierliche Pflanze oder um ausgewachsene, stämmige, vielleicht sogar um knorrige und verwachsene Bäume handelt. Gleich ob junges Maigrün sie ziert oder ihre Blätter verwelken, gleich ob sie uns nützlich sind oder nicht – Bäume sind etwas zum Staunen, etwas Faszinierendes umgibt sie, was Menschen zu allen Zeiten bewegt hat.

Der Baum ist eines der wichtigsten Lebenssymbole. Wurzeln schlagen, wachsen können, standhaft sein und Früchte tragen sind Phänomene des Lebendigen, die auch für das menschliche Dasein charakteristisch sind. Bin ich wie ein Baum? Und welcher? Eine trutzige Eiche, die allen Stürmen standhält? Eine zähe Birke, die dem Druck des Windes nachgibt? Bin ich ein fruchtbarer Obstbaum oder nur Krüppelholz? Bin ich eine Tanne, die sich kerzengerade nach oben reckt? Stehe ich einzeln in der Landschaft oder bin ich ein Baum im Park von Freunden umgeben? Oder bin ich ein unbeachteter Baum, unter tausenden im Wald?

— • —

Sehr geehrte Damen und Herren, auch bei uns steht eine alte Buche, die zu der „Baumstraße" zählen sollte.
Sie wächst in der Nähe unserer Siedlung.
Unter diesem Baum werden Grillabende oder Sommerfeste der Siedlergemeinschaft veranstaltet.
Leider droht unser Baum zu sterben.
Wir haben uns schon bei verschiedenen Ämtern mit der Bitte um Rettung bemüht. Bisher haben wir jedoch keine Antwort erhalten.
Vielleicht kann diese „Baumaktion" uns weiterhelfen, unsere Buche zu erhalten.

— • —

An der Femeiche in Erle
v. Heinz Rohloff

Ein Sommertag, hell wie kristallne Lüster,
Umfängt das Dorf im stillen Heidegrund.
Der ferne Lärm klingt hier nur wie Geflüster
Aus mädchenhaftem, unberührtem Mund.

Die Eiche ruht im Mittagssonnenglanze,
Verträumt den Tag bis hin zur Uhlenflucht;
Libell' und Falter wiegen sich im Tanze,
Dieweil der Häher kühlen Schatten sucht.

Ein lauer Wind umschmeichelt ihre Glieder,
Spielt raschelnd mit dem Blattwerk im Geäst.
Es tönt wie ferne, halbverwehte Lieder;
Erst raunt es leis' dann hör ich's klar und fest.

Untersuchungen haben gezeigt, daß das Wurzelwachstum der Altbäume von Natur aus schwächer ist und durch die zunehmende Versauerung der Böden zusätzlich stark beeinträchtigt wird. Hinzu kommt, daß alte Bäume ein tiefes Wurzelwerk besitzen, das bis in den Unterboden reicht. Gerade hier sind die Schadstoffe besonders konzentriert. Die Wurzeln im tieferen Bereich verkümmern und können so einen Großteil ihrer Funktionen nicht mehr erfüllen. Die Folge: Viele alte Bäume sterben frühzeitig.
Hilfe muß vor allem bei der Bodenverbesserung ansetzen. Im Anschluß an eine eingehende Bodenanalyse sind Wurzelraumbelüftung, Düngung, Erhöhung der Wasserspeicherfähigkeit und teilweise Bepflanzung des Traufbereiches die wichtigsten Maßnahmen.

Die Sorge um die alten Bäume führte am 7. Februar 1988 zur Gründung des Kuratoriums Alte liebenswerte Bäume in Deutschland e.V. Ziel des Kuratoriums ist die Rettung und Erhaltung alter liebenswerter Bäume, unseres Waldes und unserer Natur.

Das Kuratorium arbeitet dabei eng mit der »Schutzgemeinschaft Deutscher Wald« zusammen.
Maßnahmen zur Rettung alter Bäume können durch persönliche, gemeinsame und öffentliche Baumpatenschaften eingeleitet werden. Das Kuratorium veranlaßt eine Bodenuntersuchung, das Freistellen des Baumes, Belüftung des Wurzelraumes und Düngung in verschiedenen Tiefen und – wenn nötig – chirurgische Eingriffe.

Im nebenstehenden Bild ist eine Wurzelbehandlung schematisch dargestellt.

Werden Sie Baumpate, wenden Sie sich an das Kuratorium.

Ortsregister mit Nummern der Bäume

Literaturhinweise

Fröhlich, H. J. — »Alte liebenswerte Bäume in Deutschland«, C. Ahlering, Hamburg 1989

Goerss, H. — »Unsere Baumveteranen« Landbuchverlag Hannover 1981

Schlieckmann, E. — »Westfalens bemerkenswerte Bäume. Ein Nachweis hervorragender Bäume und Waldbestände« Bielefeld und Leipzig 1904

N.N. — Naturdenkmale veröffentlicht durch den jeweiligen Landkreis

Bildnachweis:

Alle Fotos Prof. Dr. Hans Joachim Fröhlich, außer:

Westfälische Nachrichten: S. 37, 51
Walter Obertreis: S. 89, 90, 97, 98, 113, 123, 124, 125, 137

Fotos Fröhlich
mit Leica M 4

Buchreihe

In der Buchreihe »Wege zu alten Bäumen« sind bisher erschienen:

Bd. 1 – Hessen
1990

Bd. 2 – Bayern
1991

Bd. 3 – Rheinland-Pfalz/
Saarland
1991

Bd. 4 – Nordrhein-Westfalen
1992

Weitere Bände folgen.

Sie können diese Bücher im Buchhandel oder direkt beim Verlag bestellen.

Bestelladresse:
WDV Wirtschaftsdienst
Vertrieb Touristik
Dieselstraße 36

6050 Offenbach

Einen herzlichen Dank

den vielen Unbekannten, die den alten Bäumen helfen, die sie namhaft machten und in Wort und Bild darstellten,

den Baumpaten, die ihren Baum pflegen und ernähren,

dem Westdeutschen Rundfunk, insbesondere Redakteur Thomas Buhrow, der um Freunde für die Bäume warb,

der Schutzgemeinschaft Deutscher Wald, die das Engagement wachhalten will,

den Mitarbeitern der Landschaftspflege- und Forstverwaltung auf allen Verwaltungsebenen, die die Bäume registrieren und schützen,

den Baumsuchern Walter Obertreis und Thomas Ahrenholz,

den stillen Mitarbeitern Frau Erika Münzel und Margit Naumann

Wer einen weiteren Baum benennen will

____

(Land)

Name (falls bekannt): ______________________________
(immer mit Ortsangabe z. B. »Kaisereiche bei Landshut«)

Lage:

Regierungsbezirk: ______________________________

Kreis: ______________________________

Forstamt: ______________________________

Gemarkung: ______________________________

Kreis oder kreisfreie Stadt: ______________________________

Beschreibung des Weges zum Baum und Kennzeichnung seines Standortes:

____

____

____

____

Sie können auch einen Kartenausschnitt mit eingezeichnetem Standort einsenden, das erleichtert das Auffinden.

Beschreibung des Baumes:

Alter geschätzt (s) oder gemessen (m): ______________________________

Höhe in Metern geschätzt (s) oder gemessen (m): ______________________________

Umfang in 1,3 m in Zentimetern: ______________________

Kronendurchmesser im Mittel in Metern: ________________

Naturdenkmal (falls bekannt): ja / nein

Eigentümer: ______________________________________

____

Besonderheiten des Baumes: (z. B. vollbekronter Solitär mit auffallend geschwungenen Ästen, Krankheiten)

____

____

Geschichte und Literatur (falls bekannt):

____

____

An
Kuratorium
Alte Liebenswerte Bäume
Wandersmannstraße 60

6200 Wiesbaden-Erbenheim